阿波羅
登月任務
＋
21個
太空探索活動

傑若米・波倫 Jerome Pohlen 著　周宜芳 譯

The Apollo Missions
for Kids

The People and Engineering
Behind the Race to the Moon, with 21 Activities

獻給喬、麥克與保羅‧波倫，
以及李奧納‧波普，
他們都是阿波羅計畫的工作者。

照片來源：NASA, 69PC-0397

目 錄

總導讀

鄭國威（泛科知識 知識長）

身為一介投身科學知識傳播與教育領域的文科生，我一直在找尋兩個問題的答案。第一個問題是，要怎樣讓比較適合文科的孩子不要放棄對理科的好奇心與興趣？第二個問題是，要怎樣讓適合理科的孩子未來能夠不要掉入「專業的詛咒」。

選擇理科或文科，通常不是學生自己由衷的選擇，而是為了避免嘮叨跟麻煩，由環境因素與外人角力出的一條最小阻力路徑。孩子對知識與世界的嚮往原本就跨界，哪管大人硬分出來的文科或理科？更何況，過往覺得有效率、犧牲程度可接受的集體教育方針，早被這個加速時代反噬。當人工智慧加上大數據，正在代理人類的記憶與決策，而手機以及各種物聯網裝置，正在成為我們肢體的延伸，「深度學習」怎麼會只是機器的事，我們人類更需要「深度的學習力」來應對更快速變化的未來。

根據國際學生能力評量計畫（PISA，Programme for International Student Assessment），臺灣學生雖然數理學科知識排名前列，但卻缺乏敘理、論證、思辯能力，閱讀素養普遍不足。這樣的偏食發展，導致文科理科隔閡更遠，大大影響了跨領域合作能力。

文科理科繼續隔離的危害，全世界都看見了，課綱也才需要一改再改。

但這樣就能解決開頭問的兩個問題嗎？我發現的確有解法，而且非常簡單，那就是「讀寫科學史」，先讓孩子進入故事脈落，體驗科學知識與關鍵人物開展時到底在想什麼，接著鼓勵孩子用自己的話來回答「如果是你，你會怎麼做？」「如果情況變了，你認為當時的 XXX 會怎麼做？」等問題，來學習寫作與表達能力。

閱讀是 Input，寫作是 Output，孩子是否真的厲害，還得看他寫了什麼。炙手可熱的 STEAM 教育，如今也已經演變成了「STREAM」──其中的 R 指的就是閱讀與寫作能力（Reading & wRiting）。讓偏向文科的孩子多讀科學人物及科學史，追根溯源，才能真正體會其趣味，讓偏向理科的孩子多讀科學人物及科學史，更能加強閱讀與文字能力，不至於未來徒有專業而不曉溝通。

市面上科學家的故事版本眾多，各有優點。仔細閱讀過這系列，發現作者早就想到我尋見許久才找到的解法。不僅故事與人物鋪陳有血有肉，資料詳實卻不壓迫，也精心設計了隨手就可以體驗書中人物生活與創造歷程的實驗活動，非常貼心。這套書並不只給孩子，我相信也適合每個還有好奇心的大人。

大事紀年表

1926 ● 3 月 16 日，羅伯特·戈達德發射全世界第一顆液體燃料火箭

1957 ● 10 月 4 日，史普尼克 1 號發射

1961 ● 4 月 12 日，蘇聯太空人尤里·加加林繞行地球

5 月 5 日，水星計畫，自由 7 號

5 月 25 日，甘迺迪總統發出登月挑戰

7 月 21 日，水星計畫，自由鐘 7 號

1962 ● 2 月 20 日，水星計畫，友誼 7 號

5 月 24 日，水星計畫，曙光 7 號

10 月 3 日，水星計畫，西格瑪 7 號

1963 ● 5 月 15—16 日，水星計畫，信念 7 號

1965 ● 3 月 23 日，雙子星 3 號

6 月 3—7 日，雙子星 4 號

8 月 21—29 日，雙子星 5 號

12 月 4—18 日，雙子星 7 號

12 月 15—16 日，雙子星 6 號

1966 ● 3 月 16—17 日，雙子星 8 號

6 月 3—6 日，雙子星 9 號

7 月 18—21 日，雙子星 10 號

9 月 12—15 日，雙子星 11 號

11 月 11—15 日，雙子星 12 號

1967 ● 1 月 27 日，阿波羅 1 號發射升空

11 月 9 日，阿波羅 4 號

1968 ● 1 月 22—23 日，阿波羅 5 號
4 月 4 日，阿波羅 6 號
10 月 11—22 日，阿波羅 7 號
12 月 21—27 日，阿波羅 8 號

1969 ● 3 月 3—13 日，阿波羅 9 號
5 月 18—26 日，阿波羅 10 號
7 月 16—24 日，阿波羅 11 號
11 月 14—24 日，阿波羅 12 號

1970 ● 4 月 11—17 日，阿波羅 13 號

1971 ● 1 月 31—2 月 9 日，阿波羅 14 號
7 月 26—8 月 7 日，阿波羅 15 號

1972 ● 4 月 16—27 日，阿波羅 16 號
12 月 7—19 日，阿波羅 17 號

1973 ● 5 月 14 日，天空實驗室發射升空
5 月 25—6 月 22 日，天空實驗室 2 號任務
7 月 23—9 月 25 日，天空實驗室 3 號任務
11 月 16 日—1974 年 2 月 8 日，天空實驗室
4 號任務

1975 ● 7 月 15—24 日，阿波羅一聯盟測試計畫

1979 ● 7 月 11 日，天空實驗室墜毀於地表

7

漫長的一步

阿波羅 12 號登陸月球表面四個小時後，太空人彼特・康拉德和艾倫・比恩準備到艙外去。在比恩的引導下，康拉德匍匐倒退著通過太空艙的艙門。

比恩說：「很好，你正朝著艙口方向前進，不過可能得再彎低一點。等一下、等一下、等一下。唉呀！往前一點。往你的右邊移一下，你要……就是那裡。現在可以了……你必須再跪低一點……嗯，如果你不介意，我可以推你一下。」

康拉德終於抵達艙門外的平臺，他跪在那裡，等待任務控制中心通知電視連線完成。「畫面連上了，還沒看見康拉德。」休士頓（太空任務控制中心的名稱，以下簡稱為休士頓）指出太空人還沒有入鏡。

比恩繼續引導康拉德，直到他抵達梯子頂端。比恩對爬出艙外的康拉德說：「再見。」於是，在全球數百萬觀眾的注目下，康拉德踩著梯子，一階一階邁向月球表面。

四個月前，阿波羅 11 號的尼爾・阿姆斯壯成為第一個踏上月球的人，他說：「這是個人的一小步，卻是全人類的一大步。」現在，輪到康拉德了。在執行第二次阿波羅登月任務時，他將會傳達什麼饒富深意

的訊息？

　　康拉德踏下最後一階時大聲歡呼：「哇呼！老兄，那可能是阿姆斯壯的一小步，卻是我走了好久的一步！」

　　康拉德小心翼翼的離開梯子，同時確認腳下是否踩穩，然後凝望著眼前一片明亮卻又毫無生氣的月球景緻。在那裡，他看見遠處有另一艘太空船。

　　曾經漫步月球的太空人金恩・瑟爾南在多年後如此說道：「有時候，你會覺得阿波羅計畫似乎是超越它所處時代的一項壯舉，彷彿是甘迺迪總統大老遠跑到 21 世紀，剪下十年，然後把這十年巧妙的塞進 1960 到 1970 年代之間。」

　　這是一個結合了龐大團隊共同努力的成果。有超過四十萬人遍布在四十六個州的工廠與辦公室中，一同為「阿波羅計畫」工作。它耗費美國納稅人 240 億美元的稅金（相當於今日的 1,500 億美元）。阿波羅計畫的最後一個太空艙重返地球時，「美國國家航空暨太空總署」（以下簡稱為 NASA）總共執行十一次載人飛行任務，其中有六次成功登月，並帶回共 382 公斤重的月球岩石和土壤。

截至目前為止，共有二十九名太空人執行阿波羅飛行任務，其中二十四名抵達月球，十二名在月球表面漫步。然而，也有八名太空人在任務中不幸喪生。

阿波羅計畫是一場極為大膽、複雜、危險和昂貴的冒險行動。同時，正如康拉德踏下最後一階時大聲歡呼，它也為所有地球人帶來無窮的樂趣與希望。

Chapter 1

挑戰

時間是 1961 年 5 月 25 日。剛就任不久的甘迺迪總統在國會以「國家的緊急需求」為題發表演說，說明他對軍費、裁減核武等重大議題的處理方針。但他的最後一段話，卻讓全世界大吃一驚。

「我們大步邁進的時刻到了，是時候重燃美國偉大的冒險精神，是時候讓美國成為太空領域的領導者。毫無疑問的，就許多方面而言，此舉將是開啟地球未來發展的那把鑰匙。」

他以堅定的態度宣示：「我認為我國應該致力於在這個十年結束前完成以下目標──把人類送上月球，並安全返回地球。」

巴爾的摩槍械俱樂部為發射升空做準備。

圖片來源：*From the Earth to the Moon, 1874 edition, Internet Archive Book Images*

他接著說道：「放眼當今世界，再沒有任何太空計畫比登月任務更令人驚嘆，再沒有任何長程太空探險比登月任務更為重要，更沒有任何計畫會比完成這個目標更加昂貴與困難。」

天啊！他到底在說什麼？在場人士莫不目瞪口呆。事實上，就在二十天前，美國才剛把第一位太空人艾倫‧雪帕德成功送進太空，但飛行時間只有短短 15 分 28 秒，甚至沒有進入地球軌道。

「我覺得這真是太瘋狂了！」NASA 的克里斯‧克拉夫特說：「這不禁讓人懷疑，總統是不是有點神智不清。」克拉夫特掌管任務控制中心，是雪帕德執行這趟飛行任務的指揮官，他非常清楚甘迺迪總統為他們訂下的，是一項多麼龐大而艱鉅的挑戰。而且這一切，要在接下來短短九年多時間裡一一實現。

去月球

登月並不是新的點子。早在西元 2 世紀時，亞述作家琉善就寫下一本名為《信史》的小說，描述一艘船被龍捲風捲到了月球上。水手到達月球後，發現騎著三頭禿鷹的人正與來自太陽的居民作戰。《信史》是目前所知最早的科幻小說。

「月球旅行」一直是作家們的寫作主題，但是要到 1865 年朱爾‧凡爾納的《從地球到月球》，科幻小說才開始接近科學事實。這本小說講述三名巴

爾的摩槍械俱樂部成員，搭乘一艘由 275 公尺長大砲發射的太空艙前往月球。小說的結局是太空人環繞月球飛行。在讀者的千呼萬喚下，續集《環繞月球》在 1870 年問世，講述太空人搭著太空艙返航地球，最後落在太平洋上被美國海軍救出的過程。

凡爾納的科學知識讓他的小說別具一格。他不僅正確計算出太空艙脫離地心引力所需要的速度，還精準描繪出太空旅行時的失重狀態以及其他細節。

這類科幻小說非常暢銷，也令許多第一批太空科學家和工程師深受啟發。舉例來說，物理學研究者康斯坦丁·齊奧爾科夫斯基曾寫道：「最早激發我對於太空旅行的興趣，就是科幻小說家凡爾納。他引領我思考的方向、激發我探索的渴望，促使我全心全意投入其中。」

齊奧爾科夫斯基是一位失聰的俄羅斯教師兼物理學研究者。1903 年 5 月，也就是萊特兄弟首次進行動力飛機飛行的七個月前，他就已經發表《火箭動力運載器具的宇宙探索》，這是第一本用數學描述太空飛行的書。他還曾發表許多探討液體燃料、多節式火箭、失重狀態、氣閘裝置的文章，甚至探討其他星球生命存在的可能性。

凡爾納也啟發了美國人羅伯特·戈達德。1899 年，十七歲的戈達德在麻州沃塞斯特市修剪家裡穀倉後方的一棵櫻桃樹。休息時，他在樹下作起白日夢：「我想像著，如果可以製造一種能夠登陸火星的東西，那該有多好啊！於是我開始猜想，如果有種小型設備可以從我腳下這片草地發射升空，那會是什麼樣的情況？」

1926 年 3 月 16 日，經過多年的嘗試與失敗，戈達德終於在他阿姨位於

麻州奧本市的農場，成功發射全世界第一枚液體燃料火箭。這枚火箭向上爬升 12.5 公尺後，落在 56 公尺外的高麗菜田裡。隨著時間推移，他設計出升空高度可達 2,600 公尺的火箭。今日，戈達德被世人尊稱為「現代火箭之父」。

走在這條路上的還有其他人：法國的羅貝・艾思瑙─佩爾特里、德國的赫曼・歐伯特及維爾納・馮布朗。馮布朗在二戰期間開發出第一枚可靠的液體燃料火箭 V-2。悲慘的是，德國自 1944 年 9 月開始，總共發射將近三千二百枚 V-2 火箭，轟炸倫敦和比利時的安特衛普與列日，造成五千至九千人在襲擊中喪生，傷者更是不計其數。更糟糕的是，德國利用附近集中營的奴工，在米特爾維克工廠製造火箭。據估計，有一萬兩千名囚犯在製造 V-2 時因過勞或飢餓而死亡。

戰爭結束後，馮布朗和他手下大部分的工程師都成為俘虜，被帶到美國為美國陸軍研發導彈，沒有任何一位德國火箭科學家因戰爭罪被起訴。當時美、蘇之間正值冷戰時期，美國軍方和政府領導者選擇忽視他們過去的所作所為。

史普尼克的震撼

1957 年 10 月 4 日，蘇聯宣布發射全世界第一顆人造衛星史普尼克 1 號。它的外觀像一顆小圓球，直徑只有 52 公分，重量為 83.6 公斤。它唯一的功能，就是一邊繞行地球軌道，一邊嗶嗶嗶的發射無線電訊號。

等到美國意識到它的存在，史普尼克 1 號已經兩度飛越美國。這件事引起美國社會一片譁然：「俄國人居然在太空打敗我們！這怎麼可能？」

然而，證據就在夜空中清清楚楚的閃爍著。當時的美國人只要抬起頭仔細觀察，就會發現有個每 96 分鐘就劃過天空一次的小亮點。

蘇聯的太空計畫領導者賽爾蓋‧科羅列夫對此非常興奮，他說：「同志們，你們絕對想像不到，全世界都在談論我們的衛星。看來，我們引起一陣不小的騷動。」

五天後，艾森豪總統召開記者會。他一方面對蘇聯的成就輕描淡寫的帶過，一方面大聲宣布，美國將矢志趕上並超越蘇聯的計畫。

然而，這個目標並沒有很快實現。

11 月 2 日，俄國人發射史普尼克 2 號。這枚人造衛星重達 508 公斤，而且此行還搭載了一位嬌客——一隻名叫萊卡的狗。可惜的是，衛星升空時，萊卡還安然無恙，然而在衛星進入地球軌道後幾個小時，萊卡就因為過熱而死亡。

艾森豪總統悍然命令軍方，要在九十天以內把衛星送進太空。馮布朗新設計的先鋒號運載火箭幾乎已經準備就緒。

12 月 6 日，美國在佛羅里達州的卡納維爾角發射先鋒號，並進行電視實況轉播。結果，火箭從發射臺升空不到 2 公尺就發生爆炸。

最後，在 1958 年 1 月 31 日，馮布朗終於用朱諾號運載火箭，成功發射探險者 1 號。一天後，它傳回圍繞地球的范艾倫輻射帶的證據，這是一次小

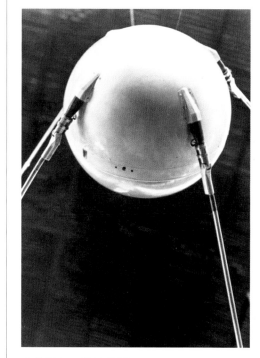

史普尼克 1 號的模型。照片來源：*NASA History Office*

這就是火箭科學

火箭是怎麼運作的呢？在這個活動中，你將看見「引擎」裡的氣體如何推進火箭，讓它快速朝反方向前進。

請準備：

- 繩子
- 吸管
- 兩張椅子
- 氣球
- 小型燕尾夾
- 膠帶

1. 剪一段 2 到 3 公尺長的繩子，以及一段 7.5 公分長的吸管。
2. 把繩子穿過吸管。
3. 把繩子的兩端分別繫在兩張椅子上，然後把兩張椅子搬開到繩子可以拉緊的距離。

4. 吹一個氣球（長形的氣球效果最好），用燕尾夾夾緊開口處。
5. 用膠帶把氣球黏在吸管上。把它滑到繩子的一端，有燕尾夾的那頭朝向椅子。

6. 迅速釋放燕尾夾。觀察氣球發生了什麼事？

小的勝利！

1958 年 7 月 29 日，艾森豪總統簽署通過《美國國家航空暨太空法案》。該法案明文表示：「國會在此宣布，美國將秉持太空活動應致力於和平目的、造福全人類的政策。」同時，美國當時的「國家航空諮詢委員會」改制為「國家航空暨太空總署」，簡稱為 NASA。

NASA 肩負美國民用太空計畫發展的重任，領導陸軍紅石兵工廠、海軍研究實驗室，以及加州理工學院的噴射推進實驗室等重要研究設施，進一步展開太空探索行動。NASA 於 1958 年 10 月 1 日開始運作。一個星期後，艾森豪總統批准「水星計畫」，目標是：率先將第一個人類送進太空。

水星計畫

1959 年 4 月 9 日，NASA 向美國人民介紹水星計畫的第一批太空人。七名太空人是由一百一十名美軍試飛員中精心挑選，負責選拔工作的羅伯特．沃斯博士表示，NASA 期待太空人具備的條件是：「聰慧但不是天才，有知識但不是食古不化……戒慎恐懼但不會畏縮怯懦，英勇但不會魯莽……享受生活但不會放縱，幽默但不失分寸，遇到危機時反應敏捷，但不會驚慌失措。」這正是對「水星計畫七人組」最貼切的描述。

美國國民愛死這些新科太空人了！即使《生活》雜誌簽下合約，詳細報導太空人的家庭故事，但讀者依然覺得不滿足。事實上，這些太空人還要再

觀測月球

透過望遠鏡，我們能看見月球上一些明顯的特徵——那些明亮與陰暗的區塊、山脈和坑洞。1651 年，義大利天文學家喬望尼·巴蒂斯塔·里喬利為它們取了名字。雖然里喬利是用拉丁文來命名，不過本書已經將它們翻譯成英文和中文（請看第 21 頁），請試著辨識出和阿波羅計畫相關的月球地貌。

請準備：

◆ 望遠鏡或雙筒望遠鏡
◆ 月球地圖

1. 先找出「第谷坑」，也就是月球圖上的白色大型隕石坑，它能幫助你定位月球的南方與北方。如果你是在日落後觀測，滿月方向會在它的左側，如果是在日出之前，則是在它的右側。此外，如果你是用望遠鏡觀測，一切影像都會翻轉（上下顛倒）或是左右鏡像。

2. 把你的月球地圖轉個方向，確保與你從望遠鏡或雙筒望遠鏡裡看見的景象一致。

3. 找出「寧靜海」，它的位置就在南北軸東邊赤道線上。這是阿波羅 11 號登陸的地點。

4. 找出「風暴洋」。它位於南北軸西邊的赤道帶上。阿波羅 12 號在此登陸，而阿波羅 14 號的登陸地點就在此處東邊一個名叫「弗拉·毛羅環形山」的地方。

5. 現在找出「雨海」和「澄海」，位於這兩個地點之間的白色區域是「亞平寧山」，是阿波羅 15 號的登陸地點。

6. 參考照片，找出「笛卡兒高地」，它位於「寧靜海」的西南方。這是阿波羅 16 號登陸的地方。

7. 最後，找出「陶拉斯—利特羅谷」，它位於「澄海」與「寧靜海」的交接處。阿波羅 17 號在此登陸。

延伸活動：

在月亮半圓時（稱為「弦月」），沿著月球的晝夜線（暗處與亮處的分界線）觀察。你可以從望遠鏡裡觀測到這是一條不平整的線。線條的凹凸不平處是月球上的高山、低谷和坑洞所形成的陰影。

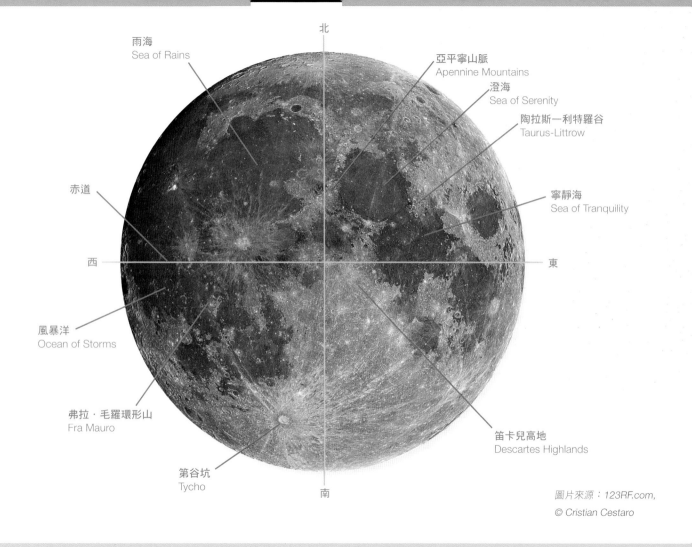

北

雨海
Sea of Rains

亞平寧山脈
Apennine Mountains

澄海
Sea of Serenity

陶拉斯一利特羅谷
Taurus-Littrow

寧靜海
Sea of Tranquility

赤道

西　　　　　　　　　　　　東

風暴洋
Ocean of Storms

弗拉・毛羅環形山
Fra Mauro

笛卡兒高地
Descartes Highlands

第谷坑
Tycho

南

圖片來源：123RF.com,

© Cristian Cestaro

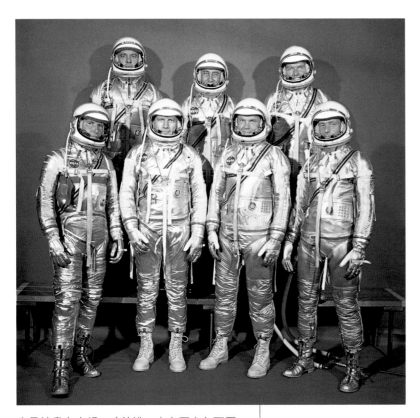

水星計畫七人組：（前排，由左至右）瓦歷·席拉·迪克·史雷頓·約翰·格林·史考特·卡本特；（後排，由左至右）艾倫·雪帕德、格斯·葛里森、高登·庫柏。照片來源：NASA, S62-08774

等兩年以上才會飛向太空。

水星計畫也需要時間開發火箭、太空艙和太空衣。第一個太空艙的設計沒有窗戶，此外，太空人感覺更像是乘客而不是飛行員。七名太空人要求改變設計——他們說，他們不是「罐裝肉」。他們不希望太空船是由地面的控制人員駕駛，他們想要自己駕駛太空船，或者至少能夠在出現問題時採取行動。身為試飛員，他們知道事情一定有出狀況的時候。

1961 年初，NASA 接近準備就緒。第一位水星計畫的「太空人」是隻名叫漢姆的黑猩猩。1961 年 1 月 31 日，漢姆升空 251 公里。在 18 分鐘的航程裡，牠的任務是每當燈光閃爍就推動控制桿，以確認太空人在飛行中依然能正常思考和動作。最終火箭偏離目標 200 公里，在百慕達附近的海域濺落，幸運的漢姆活著完成任務。接下來，準備輪到先前提過的第一位太空人雪帕德上場。

4 月 12 日，莫斯科方面傳來消息，二十七歲的太空人尤里·加加林剛剛完成繞行地球的壯舉。加加林乘著東方 1 號太空船，從蘇聯的拜科努爾太空發射場發射升空，並在 108 分鐘之後降落在俄羅斯的農田。

根據東方號的設計，加加林必須在太空艙墜地前進行彈射，透過降落傘完成著陸。在降落現場，兩個女人目瞪口呆的看著從天而降的加加林和太空

艙。身上還穿著橘色太空衣的加加林對著她們大喊：「別怕！我是蘇聯人，剛從太空降落，我必須找電話打到莫斯科！」

同樣感到目瞪口呆的，是在地球另一端的美國人。再一次，俄國人在太空探索上打敗他們。甘迺迪總統承認：「我們落後了，好消息出現之前，更壞的消息會先來報到。我們還要一段時間才能趕上。」

三個星期後，也就是 5 月 5 日，雪帕德乘坐由他命名的自由 7 號太空船，從佛羅里達州起飛。這是一次快速飛行，在 15 分鐘多的航程中，雪帕德會經歷 5 分鐘失重狀態。雪帕德在安全返航後說道：「老天，這次航行真是太棒了！我只恨飛行時間不夠長。」

7 月 21 日，由格斯・葛里森駕駛自由鐘 7 號，執行下一次水星任務。這次的任務內容和雪帕德那次的快速飛行相同，過程中一切順利，但在濺落後卻遇上麻煩。當他在海面等待直升機救援時，太空艙艙口突然彈開。葛里森趕緊跳出太空艙，而自由鐘 7 號就這樣沉入大西洋。

雖然太空艙艙口的設計是遭遇緊急狀況時自動彈開，但有很多人懷疑是葛里森太過驚慌而啟動逃生桿。即使葛里森堅稱自己絕對沒有碰觸逃生桿，但他後續在 NASA 的職業生涯始終被這股疑雲籠罩。1999 年，自由鐘 7 號從海中被打撈起來進行詳細調查，這時葛里森已經離世多年。調查結果顯示，他說的是實話。

1962 年 2 月 20 日，NASA 實現首次地球軌道飛行，由約翰・格林駕著友誼 7 號繞地球軌道飛行三圈。繞行到第二圈時，控制中心接收到的感應器資料顯示，太空艙隔熱罩很可能已經鬆動。如果隔熱罩在返航途中脫落，太空

1962 年 2 月 20 日，約翰・格林的友誼 7 號從 14 號發射臺發射。照片來源：*NASA, 62PC-0011*

凱瑟琳・強森
(Katherine Johnson, 1918-2020)

凱瑟琳・強森是一名計算人員。在電子計算機還沒有普及的年代，計算人員是以手工進行複雜數學計算的人。NASA 開放女性擔任的專業職務並不多，而計算人員是其中之一。強森是數學天才，她十八歲時就在西維吉尼亞州立大學取得數學（與法語）學位。

強森在 1953 年被國家航空諮詢委員會聘用（NASA 的前身機構），在維吉尼亞州蘭利研究中心工作。當時實驗室仍實施種族隔離制度，她的黑人身分使她在工作上蒙受諸多不便與限制。

強森的專長是計算飛行軌跡，就是火箭進入太空和返回地球的路徑。但她與其他計算人員不同之處在於，她總是敢於在工程會議上發言。她曾這麼說道：「女性往往聽命行事，不會提出問題，只能執行被交付的工作。但是我會問問題，我想知道為什麼。工程師慢慢開始習慣我會提問題，以及我是在場唯一的女性。」

強森在 1958 年晉升到太空任務小組，她是小組裡唯一的女性，也是唯一的非裔美國人，更曾經負責計算雪帕德在水星計畫中的飛行路徑。所以即使 NASA 後來開始採用電腦來計算飛行路徑，格林在出任務前，依然堅持要請強森再次親自計算，以確保路徑正確無誤。她後來參與阿波羅計畫，並收到一面跟著阿波羅 11 號登陸月球的美國小國旗。2015 年，強森獲頒總統自由勳章。

凱瑟琳・強森。照片來源：NASA

人可能會在通過大氣層的過程中被活活燒死。控制中心立即通知格林，保留太空艙的反推進火箭部件。這是一項圍繞著隔熱罩的裝置，通常會在進入大氣層前進行分離。留著它，也許能夠固定住隔熱罩。

最後，安全返航的格林受到英雄式的歡迎，他因為執行這項任務而聲名大噪，NASA 甚至因此考慮不再派給他飛行任務。直到 1998 年 10 月，NASA 才改變主意，讓格林以七十七歲高齡登上發現號太空梭。

原訂執行水星計畫下一次飛行任務的太空人是迪克・史雷頓。但醫師發現他有時會心律不整，於是他的名字從任務人員名單中取消，並被禁飛。史雷頓得知後沮喪的說：「我感到萬念俱灰。」

不過，NASA 派給史雷頓一項新職務：飛行機組營運主任，負責決定執行各項任務的人選。這是 NASA 最重要的工作之一，但是每個人都心知肚明，史雷頓願意用這一切來換取一次太空之旅。

之後，水星計畫又進行三次飛行任務。1962 年 5 月 24 日，史考特・卡本特乘著曙光 7 號繞行地球三圈。由於返航時出現問題，曙光號偏離濺落目標 402 公里，而控制中心歷經兩個小時後，才發現太空艙漂浮在波多黎各附近的大西洋上。

同年 10 月 3 日，瓦歷・席拉乘坐西格瑪 7 號繞地球飛行六圈，最後濺落在太平洋，距離待命的美國軍艦奇爾沙治號不到 8 公里。

執行最後一次水星飛行任務的太空人是高登・庫柏，他待在太空裡的時間比之前所有太空人加起來還要長。信念 7 號在 1963 年 5 月 15 日發射，執行任務時間為三十四個小時。在地球軌道繞行最後一圈時，太空艙出現電力

故障，庫伯靠著卓越駕駛技術才得以安全完成任務。他濺落的地點，比過去任何一次飛行都更靠近回收艦。

　　水星計畫是一項了不起的成就，但蘇聯也不斷締造嶄新成果。1962 年 8 月 11 日，東方 3 號載著太空人安德里揚・尼古拉耶夫起飛。隔天，帕維爾・波波維奇搭乘東方 4 號升空。他們兩人的太空艙曾有一度在相距不到 5 公里的範圍內航行。1963 年 6 月 16 日，范蒂提娜・泰勒斯可娃在東方 6 號執行為期三天的任務，成為第一位進入太空的女性。

計畫成形

　　NASA 從水星計畫學會如何打造太空船，以及如何把太空船發射到地球軌道。但是，甘迺迪總統想要的是登陸月球。

　　關於登月的方法，當時有幾種不同構想。最被廣為接受的構想是「地球軌道會合」——以小型火箭攜帶阿波羅太空船的組件（無論太空船最後長什麼樣子），進入環繞地球的軌道。各部組件在軌道上集合後，再由機組人員組裝成太空船後飛往月球，最終再原船返回地球。馮布朗喜歡這個計畫。

　　不過，還有一個構想是由 NASA 工程師約翰・胡博特所提出的「月球軌道會合」。首先，兩艘小型太空艇一起發射進入地球軌道，然後繼續飛往月球。進入月球軌道後，一艘登陸月球表面，另一艘則保有足夠返回地球的燃料，留在月球軌道上等待。回程時，登陸的太空艇從月球起飛，與在軌道等

機棚小鬼頭與少年太空人

大多數美國第一批太空人，都出生在號稱「航空黃金時代」的 1920 和 1930 年代。許多人都是從小就耳濡目染，因而萌生對飛行的興趣，甚至有些人的父母本身就是飛行員。

太空人席拉回憶道：「第一次世界大戰後，我爸媽到處巡迴做飛行特技表演，爸爸還說服媽媽爬上機翼，表演『走機翼』的特技。」至於艾德‧懷特的父親則是軍機飛行員。懷特六歲時，父親第一次帶他坐上 T-6 教練機，而且還讓他短暫操作一下控制桿。懷特說：「對我來說，飛行是再自然不過的事。」

鼎鼎大名的阿姆斯壯，則是在 1936 年的某天，父母開車載著還沒滿六歲的他去上主日學，途中經過一家農場正提供搭乘飛機短暫體驗遨遊天際的服務，於是他父母臨時更改行程，讓阿姆斯壯第一次登上飛機。從此以後，阿姆斯壯開始製作飛機模型，閱讀所有關於航空的知識。青少年時期的他，還會在放學後努力打工，賺取飛行訓練課程的學費。十六歲那年，他還沒學會開車前，就已經拿到飛機駕駛執照。

有些日後的太空人，像是雪帕德、康拉德、艾德加‧米切爾和湯姆‧史塔福等，年輕時總是在當地機場出沒，他們幫忙洗飛機和跑腿，希望說服飛行員帶他們去兜風，有的人稱他們是「機棚小鬼頭」。史塔福說：「我第一次坐飛機是在十五、十六歲時，帶我的是一位女教練，我們駕駛螺旋槳單翼機從一個地方機場起飛，跑道說穿了就只是一片草皮。」

有些人甚至把眼光放得更高更遠。吉姆‧洛弗爾小時候讀凡爾納的小說，因而開始癡迷於火箭和太空，他在十幾歲時就自己動手設計和製作約一公尺高的模型火箭。雖然母親因守寡而必須獨自辛苦的養育孩子，卻願意全力支持他的嗜好，還幫他購買引擎所需的火藥材料。她會站在家中公寓窗邊，期待的看著洛弗爾在對街的空地試射火箭，雖然很多次都是以爆炸收場。

麥可‧柯林斯雖然沒有製造火箭，不過他每星期六都會按時收看科幻影片，夢想著能像片中的「飛俠哥頓」一樣，造訪火星或電影中的蒙戈洞穴。比恩則是十分喜愛美國家喻戶曉的太空旅行影集《巴克‧羅傑斯》。

羅斯帝‧施威卡特不斷編織著自己的夢想。他回憶道：「我住在鄉下的一座農場裡，我們一家人會在夏天傍晚一起出門散步……我當時應該是五歲……那是一個月圓的日子，傍晚時分，滿月低低的垂掛在天空，我還記得當時，我的視線穿過樹枝，凝望著月亮……於是我告訴父母，有一天，我要去那裡！」聽到這句話，他們都開心的笑了。

1962 年 7 月 24 日，NASA 工程師約翰‧胡博特站在黑板前說明月球軌道會合的構想。

照片來源：NASA, L-1962-05848

待的太空艇會合，然後丟棄登陸的太空艇，乘坐留在月球軌道上的太空艇飛返地球。

「我當時突然想到，這就好比我們身處於一個繞行月球的客廳，」胡博特說：「既然小小的太空艇更容易登陸，為什麼非得要讓整個客廳降落在月球表面呢？」1962 年初，他向阿波羅計畫領導者提出這個構想。

然而，為水星計畫設計太空艙的馬克西姆‧費吉特卻不贊同這個構想，費吉特大聲說道：「你的數據根本是在胡扯！」連馮布朗也搖頭說：「這不是個好主意。」他拒絕採納這項計畫。

但是，胡博特沒有放棄。他印了一百份報告，給任何願意聆聽他的說法的人參考。過沒多久，有人開始討論並支持他的構想。1962 年夏天，NASA 決定採用胡博特的構想。

阿波羅計畫的指揮艙，是由位於加州唐尼市的北美航空工業公司建造，這是將太空人往返月球和地球的主太空船。登月艙則由在紐約長島的格魯曼航太公司打造。至於被命名為土星 5 號的龐大型火箭，則是在美國各地建造零組件，然後由 NASA 位於佛羅里達州的發射操作中心進行組裝。

發射操作中心一開始是美國空軍的導彈基地。水星計畫的太空船都從這裡起飛，但是阿波羅計畫需要更大的基地，而且要大非常多。

1962 年，NASA 買下北邊的梅里特島，光是為阿波羅計畫就增加了355,164 平方公尺的土地。每具土星 5 號火箭都在一座四十層樓高的新建築裡組裝，這棟建築叫作運具組裝大樓。

一切準備就緒後，他們會把土星 5 號裝載到龐大的太空梭運輸車上，緩慢行進到 5 公里外新落成的 39 號發射臺。太空梭運輸車是世界上最大的自有動力陸地運具。

上述這一切，只是阿波羅計畫的火箭發射準備工作。

NASA 還需要建立新的任務控制單位，以追蹤往返月球的太空船。於是，NASA 在德州的休士頓設立載人太空飛行任務中心。有鑑於副總統林登・詹森來自德州，選擇這個地點也就不足為奇。

1962 年 9 月 12 日，甘迺迪總統在萊斯大學舉行的載人太空飛行任務中心落成典禮發表演說（因為用地是由該校所捐贈）。他將登月計畫與人類歷史上的諸多重大挑戰相提並論：「無論我們是否加入，太空探索都會繼續向前邁進，這是有史以來最偉大的冒險之一，而任何希望位居領導的國家，都不能在太空競賽裡落後。」

他接著說道：「我們選擇登月！我們之所以選擇在這十年登陸月球並做更多的事情，不是因為這些事情容易，而是因為它們極其困難……沒錯，我們已經落後，而且在載人飛行上還會落後一段時間。但是，我們不打算繼續落後，就在這個十年，我們會迎頭趕上，並且不斷超越。」

同心協力村

NASA 還需要更多太空人，比現有的七位還要多更多。甘迺迪訪問休士頓之後不到一個星期，NASA 又讓九位太空人在美國大眾面前亮相。一年之後，太空人的人數又增加十四位。接下來還有更多太空人加入，但是早期執行阿波羅任務的太空人，大多數都來自前三批太空人。

隨著載人太空飛行任務中心的落成，附近的埃爾拉戈、拿掃灣、原木灣和清水湖等地方也跟著興建社區。由於住戶幾乎都是在 NASA 工作，記者給這些地方起了一個綽號──「同心協力村」。

太空人隆恩・伊凡斯的妻子回憶道：「每個人都在參與一項非常振奮人心、具有挑戰性的專案。每個人的心中只有一個目標，那就是最後要把人類送上月球。在那個年代，大部分女性都是全職媽媽，家庭中的父親大多時間都不在家，不過他們有非常堅強的妻子和家人作為後盾。父親長期的缺席，並不影響家庭過著上軌道的生活，大家衷心期盼父親回家的那一刻，每個人都因這個信念凝聚在一起。」

隨著阿波羅計畫的推進，「同心協力村」成為著名旅遊景點。一輛輛滿載著觀光客的巴士駛過郊區街道，試圖尋找太空人的身影。幸運的話，他們可以看見太空人在修草坪或修車。

不過，在 NASA 工作的人大部分都不會上太空。他們是工程師、技術人員、警衛、文書人員，或者是會計師和科學家，一同為實現甘迺迪總統的目標而奉獻心力。

阿姆斯壯回憶道：「如果你站在載人太空飛行任務中心的對街觀察，你根本無法分辨什麼時候是下班時間，因為在那個時期，大家都不會準時下班，大家就是埋頭工作，一直到工作做好為止。無論是五點、七點、九點半或任何時間，只要有必要，他們就會一直在那裡待到那個時候。他們會把工作完成，然後才回家。」

1963 年 11 月 21 日，甘迺迪總統回到休士頓參加宴會時，NASA 才剛開始拼湊登陸月球的辦法。第二天，甘迺迪乘坐車隊穿梭達拉斯的街道時，不幸遇刺身亡。

這位許下登月宏願的年輕總統突然離世，頓時震驚全國。一個星期後，繼任的詹森總統為佛羅里達州的發射操作中心重新命名，新的名稱是「甘迺迪太空中心」。

在雙子星 4 號艙外飄浮的
艾德・懷特。照片來源：NASA,
S65-30427

雙子星計畫

19⁶⁵ 年 6 月 3 日，太空人懷特在行經夏威夷上空時，打開雙子星 4 號太空艙的艙門，在太空中飄浮漫步。

有一陣子，他運用「空氣槍」移動，它會噴射出陣陣氧氣，把他推向反方向。不過它的效能不是很好，也無法維持長時間。沒多久，懷特又開始翻來滾去。

留在艙內的指揮官吉姆‧麥克迪維特試著幫懷特拍照。

懷特說道：「這真是太棒了！我現在是倒栽蔥。往下看，我們好像正位在加州海岸上方。」沒多久，他往上飄浮到麥克迪維特位在的窗前。

「喂！你把我的擋風玻璃弄髒了，你這個邋遢鬼！」麥克迪維特開玩笑說。

雙子星計畫任務徽章。圖片來源：
NASA, S65-54354

然而，兩人似乎都沒有注意到時間。

預定的太空漫步時間是 12 分鐘，現在已經超時了。懷特必須在太空艙抵達大西洋上空並進入地球陰影之前，盡快返回太空艙。

在地面的控制中心，葛里森試著用無線電與太空人通話：「雙子星 4 號，這裡是休士頓，聽到請回答。」他重複了幾次。

兩名太空人都沒有聽到。

直到麥克迪維特終於發現他的接收器處於關機狀態，於是把它打開，說道：「葛里森，我是吉姆。有什麼訊息要給我們嗎？」

「雙子星 4 號，回到艙內！」葛里森吼道。

麥克迪維特對懷特大喊：「他們要你現在回到艙內。」

「回去？」懷特問。

「回來！」

「要回去了。」懷特雖然這樣回答，卻沒有加速行動。他一邊拍照，一邊緩慢的往艙門移動。

麥克迪維特像是一個晚上催促孩子上床睡覺的爸爸，喃喃說道：「懷特，快回來吧！……拜託，趁天還沒黑之前趕快回來。」

懷特說：「好啦，這是我人生中最哀傷的時刻。」

兩人一組上太空

· · · · · · · · · · · · · · · · · · · ·

在 NASA 正式執行阿波羅計畫，把人類送上月球之前，還有許多難題需要解決。例如：太空人能夠在失重狀態下存活十天嗎？如何操作兩艘太空船，才能順利在太空中會合？而一旦會合，它們能夠成功對接嗎？太空人有可能離開太空船，在無重力狀態的月球表面上活動嗎？導航也是個大問題，是否能讓太空船找到飛往月球的路徑，並在執行完任務後安全返回地球？

雙子星計畫的目標，就是要解答上述難題，並訓練太空人飛航到月球。每一次的雙子星任務都是兩人一組（一名指揮官和一名駕駛員），並以前一次的任務成果為基礎繼續發展。

在工程師設計及建造雙子星太空船的同時，太空人則在地球表面接受各項訓練——太空人得坐進離心機，以確認能否在升空與重返大氣層的過程裡存活。太空人還要接受「G 力訓練」。人站在地表上所承受的重力是 1G（也就是我們靜止不動時所感受到的重力）。而當我們搭乘遊樂園的旋轉遊樂設施時，隨著設施旋轉得愈快，你所承受的 G 力就會增加。假設你承受的重力是 2G，就會感受到相當於體重兩倍的重力。

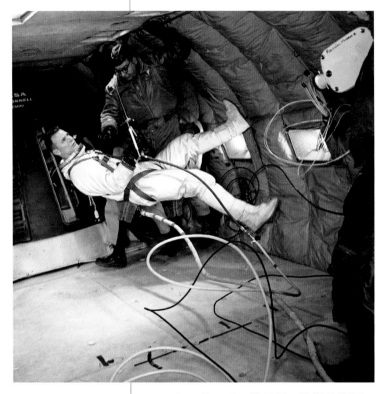

1966 年 2 月 3 日，雙子星 8 號訓練期間，大衛・史考特在無重力模擬訓練機「嘔吐彗星」裡飄浮。照片來源：NASA, S66-20016

吃盡苦頭的行前訓練

然而，太空人在飛航過程中，多數時間是處於 0G 的失重狀態，那麼該如何在地球上進行無重力訓練呢？我們在地球表面無法排除地球的重力，但是飛行員可以藉由拋物線飛行，創造出無重力的感覺。飛機就像一顆朝天空拋出的球那樣，先往上快速爬升，達到頂點後呈拋物線弧形俯衝，機艙中乘客會在「墜落」時感受到 20 到 25 秒的失重狀態。

NASA 為此改裝一架 KC-135A 空中加油機，機身內部是空的，內壁有填充物，以防止乘客在飄浮時撞傷。這架飛機每一次出任務都會進行五十到六十次拋物線弧形俯衝，讓太空人練習未來上太空後要執行的工作。由於大部分登機者都會暈機，所以大家暱稱這架飛機為「嘔吐彗星」。

如果無重力訓練沒有讓太空人吃足苦頭，那麼求生訓練或許會讓他們受盡折磨。雙子星計畫的航程會飛越陸地和水域，因此太空人必須為降落在沙漠或叢林做好準備。他們必須在巴拿馬的熱帶雨林待兩個星期，背包中的求生指南上寫著：「任何會走、會爬、會游或會飛的東西，都是可能的食物來源。」也就是說，鬣蜥、老鼠、蛇、蝸牛、芋頭和棕櫚心都列在他們的菜單上。

沙漠訓練的地點在內華達州的雷諾市附近。太空人在這裡學習用雙子星的降落傘製作輕便衣服，畢竟沒人會想穿著 14 公斤重的太空衣，徒步穿越一片熱到會讓人燙傷的沙漠。

1964 年 8 月 3 日，法蘭克‧波爾曼、尼爾‧阿姆斯壯、約翰‧楊恩、迪克‧史雷頓（由左至右），攝於在內華達州的求生訓練。
照片來源：NASA, S64-145074

完成訓練的太空人會得到一枚銀別針，上面的圖案是一顆星星升入軌道。如果他們成功完成飛航月球的太空任務，就會得到一枚金別針。

尋找月球登陸點

登月計畫最困難的挑戰之一，就是要怎麼在月球著陸。這件事的難度，可不像朝著月球發射火箭那麼簡單。

這一輪的競賽，蘇聯再一次擊敗美國。1959 年 1 月初，蘇聯人朝著月球發射月球 1 號探測器，但是航道偏離 5,995 公里。1959 年 9 月 13 日，月球 2 號墜毀在月球的雨海。10 月 7 日，月球 3 號成功繞行月球，並傳回十七張照片。這是月球背面第一次在世人面前露臉。

與此同時，NASA 也在嘗試把太空船發射到月球上，但是沒有什麼斬獲。這個計畫的名稱叫做「遊騎兵計畫」，目的是讓太空船直接飛向月球，並在墜毀於月球表面之前，即時傳回原始影像。

前六次遊騎兵任務以失敗告終。兩次沒有離開地球軌道，兩次完全錯過月球，兩次撞擊月球表面，但是沒有傳回任何影像。終於，1964 年 7 月 31 日，在遊騎兵 7 號一頭撞進雲海盆地之前，順利傳回四千三百零八張前方隕石坑的照片。之後在 1965 年，NASA 又完成兩次成功的遊騎兵任務。

與此同時，蘇聯人正嘗試在月球「軟」著陸，然而，月球 4 號、5 號、6 號、7 號和 8 號都宣告失敗。但是，就在 1966 年 2 月 3 日，月球 9 號降落在風暴洋，

1966 年 2 月 3 日，由蘇聯月球 9 號拍攝的第一張月球表面照片。照片來源：*Wikimedia Commons*

並從月球表面傳回二十七張照片。

短短四個月後，也就是 6 月 2 日，美國 NASA 發射的探勘者 1 號成功降落在月球上，並傳回一萬一千一百五十張月球表面的黑白照片。之後共發射六架探勘者，其中有兩架墜毀，四架成功著陸，為阿波羅任務的規劃人員傳回許多重要數據。例如探勘者 3 號在月球挖掘四道小溝槽，以確認月球表面能否支撐大型太空船的重量（NASA 有些人擔心阿波羅登月艇會沉入厚厚的粉塵層裡）。

NASA 還從空中探測月球。自 1966 年 8 月到 1967 年 8 月，NASA 發射了五架環月飛行器，並從它們所傳回的一千九百五十張照片中，尋找阿波羅計畫可能的登陸點。

土星 5 號

要把一架小型太空探測器發射到月球已經是非常困難的任務，更何況是重得多的阿波羅太空船。要把太空船送上月球，NASA 需要一座大型火箭，規模大過當時世界上任何已經製造出來的火箭。幸好，馮布朗在打造火箭方面占有優勢。

1950 年以來，馮布朗一直在位於阿拉巴馬州亨茨維爾的美國陸軍紅石兵工廠工作，製造的火箭也愈來愈大。這座兵工廠在 1960 年時收編為 NASA 的單位，並改名為「馬歇爾太空飛行中心」，由馮布朗擔任中心主任。

在史普尼克號出現之前，馮布朗已經研發一系列名為「木星」的軍用彈

月亮的臉

當你望著月亮時，是否曾經想過：為什麼月球的特徵看起來總是一成不變？月影會隨著月亮的圓缺而改變，但是我們看見的月球永遠是同一個面。為什麼我們不曾看過月球的另一面呢？

請準備：
- 一張椅子
- 地球儀（非必要）

1. 把椅子擺在一個開放空間裡，如果你有地球儀，把它放在椅子上。在這項活動裡，椅子（地球儀）是地球，而你是月球。
2. 保持面對椅子並往後退，退到離椅子 1 公尺遠的位置。
3. 月球以逆時針方向繞著地球運行，所以請保持面向椅子，慢慢以逆時針方向繞椅子走四分之一圈。你的身體必須轉動嗎？
4. 繼續繞行椅子，一直保持面向椅子，走到半圈的位置。
5. 看看你的周遭，你的身體改變方向了嗎？當你繞行半圈時，你應該也已經轉了半圈。
6. 繼續逆時針方向繞著椅子行走，保持面對椅子，一直到你回到原點。現在，你已經完成繞行軌道一圈，你「自轉」了幾圈呢？

延伸活動：

現在，想像你正站在月球上。從這裡看過去，地球是什麼樣子？它的樣貌會如何逐日改變？

延伸活動解答：

當你在月球上抬起頭來，會看見一顆藍色的巨大星球，時時刻刻掛在天空上固定位置。這顆星球不僅會有圓缺變化，而且每天都會自轉一周。

土星 5 號

土星 5 號是至今人類史上最高大、最強力的火箭。它是一座三節火箭。火箭的每一節一旦燃料用盡,就會與火箭的其餘部分分離,然後再點燃下一節。

土星 5 號的第一節(叫做 S-IC),高 42 公尺,直徑 10 公尺,有五個鐘形的 F-1 引擎。每部引擎高 5.6 公尺,總共可以產生 760 萬磅的推進力,大約等於六萬輛汽車的馬力。第一節火箭的燃料是精煉煤油和液態氧,每秒燃燒 15 噸,焰長約 245 公尺。土星 5 號一旦達到飛行高度 61 公里、時速 9,815 公里時,第一節引擎就會脫離,穿越大氣層,落進海洋裡。

這時,土星 5 號的第二節(叫做 S-II)會點燃啟動。這一節火箭有 25 公尺高,配有五個 J-2 引擎,燃料是液態氫與液態氧。它能以時速 24,600 公里的速度,把太空船推進到距離地表 175 公里處。

接著,土星 5 號的第三節(叫做 S-IVB)會在第二節火箭脫離後點燃。這一節有 18 公尺高,裝設單一一部 J-2 引擎。它會把飛行速度拉高到時速 28,000 公里,然後在距離地表 190 公里的地球軌道暫時「停駐」。此時,這一節火箭仍然與太空船保持接合,因為它會繞行幾圈後再次啟動,將太空船推離地球軌道,以時速 38,600

改作自北美航空工業公司於 1965 年出版的《阿波羅後勤訓練手冊》(*Apollo Logistics Training Manual*)。作者藏書。

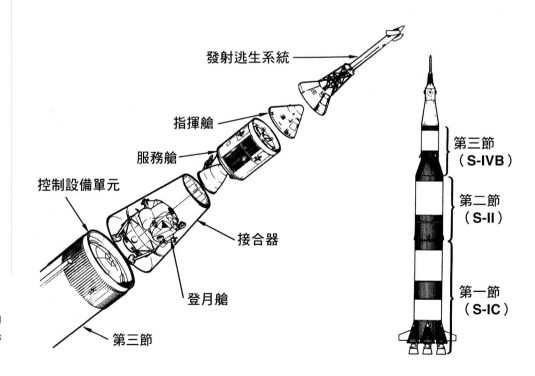

發射逃生系統

指揮艙

服務艙

控制設備單元

接合器

登月艙

第三節

第三節
(S-IVB)

第二節
(S-II)

第一節
(S-IC)

公里朝月球前進。

第三節火箭上方是一具約 1 公尺高的環狀體，稱為控制設備單元，裝載著大部分控制與導航火箭的電子設備。

太空人在指揮艙駕駛土星 5 號，而在任務期間，指揮艙與服務艙大多時間都相連接，兩者合稱為指揮與服務艙（請參閱第 97 頁）。指揮與服務艙後方有一個錐形的接合器，是保護登月艙（用來登陸月球的四腳太空船）的裝置（請參閱第 112 頁）。

最後，土星 5 號頂部有一個發射逃生系統。在緊急情況下，這座 10 公尺的高塔會啟動它內部的強力火箭，讓指揮艙脫離土星 5 號。如果逃生成功，指揮艙會帶著機組人員透過降落傘返回地球。幸運的是，發射逃生系統並沒有被使用過——土星 5 號一共執行十三次飛行任務，從來不曾發射失敗。

土星 5 號在發射時，加上機組人員與運載物的重量總共是 2,950 公噸。當指揮艙返回地球時，總重量只剩下 5 公噸，其餘的部分都已經燒毀或丟棄。

道飛彈。於是他將彈道飛彈改良成名為「朱諾」的運載火箭，成功發射美國第一顆人造衛星探險者 1 號。接下來，他用羅馬神話裡農業之神的名字，將下一系列更大的運載火箭命名為「土星」。

最初土星運載火箭有許多不同設計的版本，都是採用美國早先各款火箭中不同引擎和零組件所構成，這是因為工程師已經十分熟悉各項零組件如何運作，因此能讓開發與測試火箭的工作更為容易。最終定案的火箭共分為三款：土星 1 號僅用於無載人飛行；土星 1B 號是土星 1 號的改良版，最遠航程能將阿波羅太空船送進地球軌道；真正要將阿波羅太空船送上月球的，則是規模更為龐大的土星 5 號。

要建造像土星 5 號這樣龐大的火箭，自然是件十分困難的事。馮布朗偏好一套謹慎的做法，他打算每次發射都只測試一節新設計的火箭。可是這種方式需要時間，而阿波羅計畫正在跟時間賽跑。

1963 年，NASA 的主管喬治・穆勒決定要讓土星 5 號進行「全面測試」，也就是直接一次完成整枚火箭的試射。這是一個大膽而冒險的構想，如果火箭的第一節發生故障，那麼第二、第三節及連同火箭負載的太空船都將付之一炬；但如果第一、第二、第三節接續成功，阿波羅計畫或許能趕上甘迺迪總統訂出的十年挑戰期限。

土星 5 號有多大？

土星 5 號是個龐然大物，足足有 111 公尺高！為了感受一下它到底有多龐大，你可以沿著美式足球場的長邊走一趟——連同底線區，足球場的總長就是 111 公尺。

請準備：

◆ 六個用來標示距離的器材，如標旗、顏色明亮的毛巾等等

◆ 美式足球場

1. 聯絡在地中學，徵得校方准許你使用校園的球場進行這項活動。

2. 從底線區開始。朝著另一端的底線區方向走，走到 36 碼線。在這裡放一支旗子或一條亮色毛巾。這個距離（42 公尺）就是土星 5 號火箭第一節的長度。

3. 繼續往同方向前進，經過 50 碼線，再到 37 碼線，用旗子或毛巾做標記。這個距離（25 公尺）是第二節的長度。

4. 走到 17 碼線，放置一個標記。這是第三節的長度 18 公尺。

5. 跨一大步，1 碼就好，然後做個標記。這是控制設備單元的高度。

6. 現在走到 5 碼線，剛好 10 公尺，做個標記。阿波羅的登月艙就在這裡，在錐形的接合器裡面。

7. 走到與底線區的距離中點處。這是指揮與服務艙的長度。太空人航向太空時就是待在這裡。

8. 最後一段距離，走到底線區的端線處，再多走 1 碼，這是火箭的尖端——發射逃生系統的所在之處。

延伸活動：

如果你住在有高樓大廈的城市附近，杳一下哪一棟大樓可以開放大眾登上三十六樓。從三十六樓窗外看出去，這大約就是土星 5 號的高

首航之旅

· · · · · · · · · · · ·

雙子星計畫的前兩次飛航都是無人飛行任務。雙子星 1 號在 1964 年 4 月 8 日發射，工程師緊盯著這艘太空船（事實上不過是一具會飛的空殼），看著它用五個小時，順利完成繞行地球軌道三圈的任務。接下來，雙子星 1 號持續繞行的時間遠遠超出原本預期，直到四天後才脫離地球軌道，在落入大氣層時燒毀。

雙子星 2 號的發射因為技術問題與三個颶風來襲而延期。與此同時，蘇聯在 1964 年 10 月 12 日發射上升 1 號，三名太空人弗拉基米爾·科馬洛夫、鮑里斯·葉戈洛夫與康斯坦丁·費克季斯托夫成功繞行地球十七圈，並於一天後返回地球。

蘇聯選擇這時發射上升 1 號的唯一目的，就是要讓美國人感到難堪。此舉確實能夠達到預期效果，畢竟美國當時還無法將兩名機組人員同時送上太空。然而由於太空艙空間有限，所以三名蘇聯太空人無法穿著太空衣，也沒有彈射座椅等安全逃生設施。如果 NASA 知道蘇聯竟然讓機組人員承擔不必要的風險，或許就不會那麼耿耿於懷了。

三個月後，也就是 1965 年 1 月 19 日，雙子星 2 號在佛羅里達州升空，完成 18 分鐘的快速試飛。火箭與太空艙在執行任務期間的表現，大致上都如計畫所預期。

過沒多久，執行雙子星計畫第一次載人飛行任務的時刻終於來到。葛里森與約翰·楊恩在接受將近兩年的訓練後，3 月 23 日，兩人搭乘的泰坦火箭

土星 5 號的第一節配有五具龐大的 F-1 引擎。兩名技術人員站在引擎前方。*照片來源： NASA, RD-ENG-634*

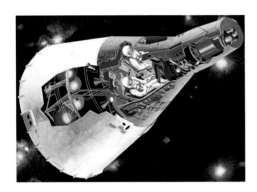
一位藝術家描繪的雙子星號。
圖片來源：NASA, S65-14257

在隆隆聲中，從 19 號發射臺升空，並且很快的進入地球軌道。任務控制中心確認雙子星 3 號運作正常，並通知葛里森啟動推進器，讓太空船從原本的橢圓形軌道移動到圓形軌道。雙子星 3 號任務正式實現載人太空船的第一次軌道轉換，結束太空船只能按照固定軌道繞行地球的時代。

按照原定計畫，飛航兩個小時後，楊恩應該要試吃 NASA 新開發的食品包。只見他把手伸進太空衣裡，拿出一個紙包，原來裡頭裝的是他偷偷帶上太空船的牛肉三明治。兩名太空人各自咬了一大口，麵包屑在太空艙四處飄散。葛里森還開玩笑的抱怨說：「三明治怎麼沒加芥末醬？」

雙子星 3 號繼續飛行三個小時，並在繞行第三圈結束後返回地球。返航是由一部每秒可以進行七千次運算的機載電腦導航，這是 NASA 締造的另一項空前新紀錄。然而，當太空艙降落傘打開的那一刻，劇烈震盪讓太空人撞上控制面板，也撞破了葛里森的面罩。

太空艙濺落海面之後，被降落傘拖到水下。解除降落傘後，太空艙旋即翻正。不過，葛里森很擔心會再度眼睜睜看著太空艙沉沒，所以他們選擇緊閉著艙門，耐心留在艙中等待。直到潛水員安裝好浮圈，兩人才脫掉太空衣，穿著內衣登上垂降索，懸吊進入直升機。

雙子星 3 號是 NASA 以佛羅里達州為控制中心的最後一次任務。雖然之後太空船仍然會從甘迺迪太空中心發射，但在接下來的任務中，任務控制中心會搬遷到休士頓新落成的太空飛行任務中心。這時距離下一次飛行任務，只剩下短短十個星期。

第一次艙外活動

人類如果想要探索太空，就必須離開太空船，進行維修工作、執行實驗、採集岩石與土壤樣本等活動。雖然大眾習慣用「太空漫步」或「月球漫步」來描述太空人離開太空船活動的情景，不過 NASA 更喜歡使用「艙外活動」一詞。雙子星 4 號的主要目標，就是執行第一次艙外活動。

而蘇聯在這項進展上再度超越美國。1965 年 3 月 18 日，太空人艾力克謝·里奧諾夫在上升 2 號太空船外飄浮 20 分鐘，他的隊友帕維爾·貝列亞葉夫則是在船艙裡待命。不過，當里奧諾夫想要回到艙內時，他的太空衣像氣球一樣膨脹，擠不進艙門。他打開太空衣上的一個氣閥，等到壓力降低、身形縮小之後，才能進入並關閉艙門。

雙子星 4 號原本預定的艙外活動很簡單，就只是讓太空人懷特把艙門打開，然後站立探身到艙外。但是在蘇聯的上升 2 號完成任務之後，雙子星 4 號改變了原本的計畫。現在，懷特要完全離開太空艙，只用一條像臍帶般的連結管線，將氧氣輸送至他的太空衣裡。

雙子星 4 號於 1965 年 6 月 3 日發射，由麥克迪維特擔任指揮官，懷特則是駕駛員。繞行地球第三圈時，懷特打開艙門，走出艙口，進入太空。

由於這次的艙外活動沒有按照原來的計畫進行，懷特動作起來顯得困難，不久就開始飄來飄去，由於他和太空艙連接，所以太空艙也跟著一起旋轉。麥克迪維特回憶道：「懷特離開船艙後就開始飄啊晃的，太空艙也變得很難控制。」

不過，懷特倒是自得其樂。他坦承道：「接到回艙的命令時，我覺得有一些難過。在艙外的我還有好多事物想要探索。」

然而，返回太空艙可不是件容易的事。在長長的連結管線的糾結纏繞下，兩人竟無法順利關閉艙門。懷特使盡全力拉住艙口，麥克迪維特用手指撥動門閂。費了九牛二虎之力，他們才終於把艙門關好。

後來，雙子星4號又繞行了四天。期間兩名太空人進行醫學實驗，測量艙內外的輻射值，同時拍攝地球。

1965年6月3日，艾德‧懷特在雙子星4號的航行期間從事艙外活動。*照片來源：NASA, S65-29766*

雖然太空艙的電腦在任務接近結束時故障了，不過幸好最後安全返回地球。它在墨西哥上空重返大氣層，濺落在北大西洋。麥克迪特回憶道：「撞擊水面後，我們檢查有沒有漏水。我對懷特說：『你現在感覺怎麼樣？』他說：『我覺得很好，你呢？』我告訴他：『我也覺得很好，我想我們不會死了！』」

在垃圾桶裡的八天

接下來上場的是雙子星 5 號。它的任務是要進行人類耐力測試，以確認太空人能否在太空裡生活八天（這是往返月球和地球所需要的時間）。任務指揮官由曾經參與水星計畫的老將庫柏雀屏中選，駕駛員則是由康拉德擔任。他們會用一架改良後的雙子星太空艙執行任務，這座新太空艙的電力是來自燃料電池，而不是笨重的傳統電池。

雙子星 5 號在 1965 年 8 月 21 日發射，然而，幾乎是太空船一升空就出現問題，原因是一具燃料電池故障。太空人剛剛才把莢艙送進軌道，好練習會合，但是就在他們試著修理燃料電池時，莢艙卻飄走不見了。而就在任務控制中心下達「提早結束飛行」的命令之前，燃料電池卻不知怎麼的又恢復正常。

接下來幾天，雙子星 5 號又陸續出現其他系統故障。太空人必須關掉太空艙的電力，只能運用微弱的電力維持基本功能的運作。他們繞行地球，在陽光明暗間穿梭，沒有什麼事好做。由於艙裡到處都是空空的食物容器，康

1965 年 8 月 29 日，雙子星 5 號濺落後，被直升機吊起的高登‧庫柏。*照片提供：NASA, S65-46646*

拉德因而將太空艙戲稱為「飛行垃圾桶」。又因為太空人幾乎無法移動，他們的腿開始抽筋。

休士頓方面，太空人的家屬接獲觀察太空艙的時間通知。某天清晨 5 點鐘，他們一同聚集在庫柏家前院草坪，仰頭望著夜空，凝視著那顆小小的光點，目光焦點隨著它緩緩移動。

「那是不是很美？真是太奇妙了，不是嗎？」庫柏的妻子喃喃說著，她身旁的兩個女兒也一同仰望著天空。

康拉德的妻子則是坐在一片空蕩蕩的安靜街道中央，以取得最好的視角。她說：「他（康拉德）在空中就像顆發亮的星星。當我坐在地上，仰頭看著他時，我頭一次這麼想著——他真的在那上面，在一個不屬於這個世界的地方。」

將近八天過後，雙子星 5 號順利在大西洋濺落。在休士頓，康拉德的兩個兒子在記者們的陪伴下，用自己的「濺落」活動慶祝父親安全返回地球——一個騎著自行車，一路騎進家裡的游泳池；另一個則是從屋頂跳進泳池。

在軌道中會合

1965 年 10 月 25 日，「愛琴娜」目標飛行器從甘迺迪太空中心發射。6 分鐘後，這艘無人太空船發生爆炸。與此同時，地面上的席拉和史塔福已經坐進雙子星 6 號、繫好安全帶，準備起飛。這次的計畫是在軌道追上愛琴娜號並與它會合。不過，愛琴娜的爆炸使得這個計畫宣告停止。

新計畫很快就誕生了。雙子星 6 號改成與預定於 12 月發射的雙子星 7 號會合，而不是和另一架愛琴娜號會合。雙子星 7 號是另一項考驗時間與耐力的任務──這一次，機組人員預計要在太空裡待兩個星期，等待雙子星 6 號來訪。

雙子星 7 號在 12 月 4 日起飛。指揮官法蘭克‧波爾曼與駕駛員洛弗爾各自帶了一本書以免無聊。事實上，他們幾乎沒時間閱讀，因為還有許多實驗要進行。

12 月 12 日，雙子星 6 號準備發射。可是就在倒數計時數到零的時候，引擎在點燃 1.2 秒後熄火。原來火箭有一個插頭脫落，造成引擎關閉。幸好，經驗豐富的駕駛員席拉做出正確的判斷，沒有啟動中止裝置，否則太空人會直接從太空艙彈射出去，也可能會讓火箭受到損害。三天後，他們準備再試一次。

波爾曼和洛弗爾從軌道可以看見雙子星 6 號的發射。波爾曼回憶道：「剛開始是出現一顆像星星般的光點，然後愈來愈近，直到我們可以看出那是另一架雙子星號，這個過程真是精采極了！」洛弗爾則說：「看來這裡會變得

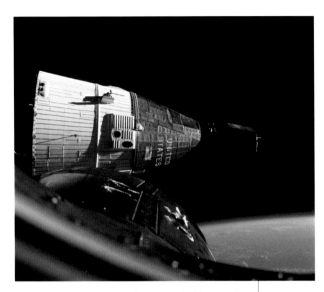

1965 年 12 月 15 日，在 NASA 的第一次會合任務裡，從雙子星 6 號看見的雙子星 7 號。
照片提供：NASA, S65-63194

更擁擠了呢！」。

確實如此，六個小時後，雙子星 6 號能在距離雙子星 7 號咫尺之處操作。兩架太空船在彼此附近飄浮，就這樣繞行三圈，這證明了太空人具備精確操作太空船的能力。

會合任務接近結束，準備返回地球時，史塔福用無線電通知任務控制中心，雙子星 6 號發現另一艘太空船：「我們看見一個看起來像衛星的不明物體，在極地軌道上由北往南移動。等等……它好像要發送訊號給我們。」這讓任務控制中心全員都繃緊了神經。

沒想到，無線電裡傳來口琴的聲音，是那首大家耳熟能詳的〈聖誕鈴聲〉，接著還有一連串的雪橇鈴聲。原來，再過十天就是聖誕節，這竟然是兩位太空人送給大家的惡作劇禮物。

第二天，雙子星 6 號返回地球，濺落在大西洋海面，由黃蜂號航空母艦回收。兩天後，也就是 12 月 18 日，雙子星 7 號返回地球，回收艦是同一艘。波爾曼和洛弗爾待在太空中將近十四天——這個紀錄，一直到八年後才被打破。

驚險的雙子星八號

在雙子星計畫進行期間，NASA 開始失去太空人，不過他們不是在出太空飛航任務時喪生。1964 年 10 月 31 日，泰德・費里曼駕駛 T-38 噴氣式教練機時撞到一隻鵝而墜機，機毀人亡。十六個月後，艾利略・西伊和查理・巴

賽特因飛機在暴風雪中墜機而死亡。他們的任務空缺由後備人員遞補，太空計畫持續進行。

在證明兩架雙子星船艙可以會合之後，現在，NASA 的下一個任務是要嘗試對接。雙子星 8 號的任務是在三天裡與愛琴娜號對接四次。這次任務的指揮官是阿姆斯壯，駕駛員是大衛‧史考特。

1966 年 3 月 16 日，雙子星 8 號發射升空。它的任務在於成功與愛琴娜號會合並對接。由於兩者繞行軌道的時速都是 28,100 公里，所以阿姆斯壯必須以小數點一位數的偏差和精準的飛行技術，才能將太空艙成功導向愛琴娜號，完成對接任務。

幸運的是，經過短短六個多小時，這個任務就達成了！阿姆斯壯報告狀況：「休士頓，完成對接。沒錯，一切非常順利！」

不過，順利並沒有持續太久。史考特注意到，完成對接後的太空船並未按照預期水平飛行，而是開始慢慢的往側邊傾斜。阿姆斯壯嘗試糾正這個問題，卻沒能成功。他認為問題出在愛琴娜號，所以決定取消對接。

然而，問題其實並非出在愛琴娜號，而是雙子星 8 號。因此，雙子星 8 號一脫離愛琴娜號，艙體就開始失去控制、不斷旋轉，而且愈轉愈快，非常危險。

史考特立刻向任務控制中心報告：「我們這裡遇到嚴重問題。我們……正在不斷翻滾。」接著，無線電訊號完全消失，陷入一片靜默。

原來，真正的兇手是雙子星號的一具推進器發生短路，一直處於點燃的狀態，導致太空船接下來竟然以每秒一圈的速度旋轉，機組人員開始感到視

淺談軌道力學

太空船繞行地球時，離地球愈遠，移動速度就愈慢。阿波羅太空船大部分都是在地表上方 1,930 公里處，以每小時 28,100 公里的速度運行。許多人造衛星位在距離地表 35,786 公里的軌道上，繞行時速約為 11,050 公里。距離地球 384,400 公里的月球，則是以時速 3,700 公里的「慢速」繞著地球運轉。

我們只要進廚房做個實驗，就可以親眼看見這個現象。

請準備：
◆ 一個較淺的大碗（或是炒菜鍋）
◆ 彈珠

1. 選一個用來做實驗的碗，並和大人確認可以取用。
2. 將彈珠放在碗裡。用手輕輕的搖晃碗，讓彈珠在接近碗底靠近中央的地方，以圓形軌跡進行滾動。請觀察彈珠的移動速度。
3. 現在稍微加大轉碗的力道，讓彈珠在靠近碗緣的地方繞圈滾動（你可能需要練習一下）。現在，觀察一下它的移動速度有多快？比在低軌道時快還是慢？

線模糊。阿姆斯壯當下毅然決定關閉推進器，打開其他的控制系統，重新控制住太空船，雙子星號才終於停止瘋狂的旋轉。

現在，任務取消了，雙子星 8 號必須立即返回地球。阿姆斯壯打開雙子星的返航推進器，引導太空船重返大氣層。阿姆斯壯後來在受訪時表示：「在迫不得已的情況下縮短飛航時間，我們感到非常失望。我們還有好多事想做。」

雖然如此，雙子星 8 號的飛行並非全然失敗。兩位太空人成功執行對接任務——這是人類歷史上的創舉，甚至連蘇聯都還沒有做到。此外，這次的飛行意外也讓 NASA 藉由真實的緊急情況，實際測試應變的緊急處理程序。最重要的是，阿姆斯壯證明自己可以在真正的災難臨頭時，仍然能保持冷靜，即時做出正確決定。

雙子星 8 號任務完成五天之後，

NASA 正式公布第一次阿波羅任務的規畫——這項任務預定在 1967 年啟動，由葛里斯擔任指揮官，並由第一個在太空「漫步」的太空人懷特以及新進的羅傑・查菲擔任機組人員。

生氣的鱷魚

1966 年時，NASA 又進行了四次雙子星任務。雙子星 9 號的任務，是要與名為擴大目標接合器的無人駕駛太空艙完成對接。擴大目標接合器在 6 月 1 日發射。兩天之後，史塔福和瑟爾南啟航升空追趕它，執行為期三天的任務。

雙子星 9 號抵達擴大目標接合器所在的位置時，太空人發現它的錐體仍然連著船體——勉強算是：錐體應該在發射後折成兩半並飄走，但是這兩個部件現在被一條帶子纏在一起。

史塔福報告情況：「它們就像鱷魚張開 25 度或 30 度的顎……看起來就像是一隻憤怒的鱷魚在這裡打轉。」

任務控制中心想知道瑟爾南能不能進行艙外活動，解開那些應該飄走的部件。史塔福回想當時說道：「他們想要瑟爾南到艙外去，像拆緞帶一樣解開那些帶子。我看著艙外的錐體分離處，上頭鋒利的邊緣清晰可見。我們過去並沒有針對這種情況做過練習。我只知道那裡有一百三十六公斤重的彈簧，除此之外，我們一無所知。於是，我立刻否決這個提議，告訴他們絕對不行。」

於是，機組人員的任務更改為練習與故障的擴大目標接合器會合。他們

生氣的鱷魚，1966 年 6 月 3 日。照片來源：
NASA, S66-37966

兩次駛離太空船幾公里，然後返回到它旁邊的軌道。

第二天是瑟爾南執行太空漫步的時間，他很快就遇上了麻煩。加壓時，瑟爾南的太空衣變得硬挺，讓他很難移動；此外，管線到處飄浮，瑟爾南看起來就像穿著盔甲在和章魚搏鬥。

瑟爾南原本的任務是要測試緊急維生背包（可以在連接管線故障時使用）和太空人機動裝置（是懷特所使用氣槍的改良版，用來輔助太空人在艙外活動時的移動）。兩者都儲放在太空船後方，因此瑟爾南出艙後的第一件事，就是要去拿取它們。

雙子星太空艙能夠供太空人攀抓的位置不多。雪上加霜的是，錐體分離處的邊緣十分鋒利，那可能會切穿連接管線或是瑟爾南的太空衣。

與任務目標奮戰的瑟爾南感到心跳加速，汗水在面罩內側蒙上一層霧氣，然後結成冰。為了看見外面的狀況，他將鼻子貼著面罩才勉強融出一小塊視窗。最後，史塔福取消艙外活動。

兩名在艙內的太空人拚盡力氣把瑟爾南接回太空艙。但瑟爾南卡在艙口，他拜託史塔福：「湯姆，再不趕緊給太空艙加壓，我想我可能會死在這裡。」於是，史塔福趕緊給機艙輸氧，並幫忙瑟爾南脫下頭盔。

史塔福回憶這段驚險的過程時說道：「他的臉漲得通紅，就像待過三溫暖室那樣。接著，他請我幫忙脫下手套……他的雙手通紅。於是，我拿起水槍朝他身上灑水，雖然在太空船裡照理說不可以這樣做。」原來，在兩個小時的艙外活動中，瑟爾南的身體流失了將近 5 公斤的水分。

第二天，雙子星 9 號打道回府，返回地球。

更多飛行，更多練習

雙子星 10 號在接下來的那個月成功發射。升空後不到六個小時，指揮官楊恩與駕駛員柯林斯與一架愛琴娜號對接。柯林斯說：「在楊恩的指揮下，事情看起來輕鬆簡單。我們第一次嘗試，就穩穩的滑進對接錐。」

當兩艘太空船一對接，楊恩就可以控制愛琴娜號的引擎和推進器。楊恩啟動愛琴娜號的引擎，將兩艘太空船往更高的軌道推進，之後要在那裡與另一艘愛琴娜號會合，也就是雙子星 8 號任務時留下的那一艘。

在嘗試下一次會合之前，機組人員花了一天時間實驗，並讓柯林斯執行一次艙外活動任務。第二天，雙子星 10 號與第二艘愛琴娜號會合，但是沒有對接。倒是柯林斯第二次執行艙外活動，離開雙子星船艙，朝愛琴娜號出發。他在愛琴娜號順道檢視幾個月前雙子星 9 號沒來得及做的一項實驗，看看能否採集到任何太空微生物或微隕石。然後，他使用改良後的氣槍將自己送回雙子星。在歷經又一天的測試後，雙子星 10 號才在 7 月 21 日返回地球。

八個星期後，雙子星 11 號載著指揮官康拉德、駕駛員迪克·高登進入地球軌道。他們追上一艘愛琴娜號，繞行還沒滿一圈就已經完成會合與對接。

艙外活動依舊十分困難。高登必須在愛琴娜號與雙子星號之間繫上纜索（一條長繩）。雖然工程師有在太空艙外加裝扶手，但是幫助不大。高登說，一手抓著扶手、一手繫纜索，那種感覺簡直就

1966 年 7 月 18 日，雙子星 10 號發射時的延時攝影圖。照片來源：NASA, S66-42762

像是「用單手綁鞋帶」。

　　發射前，史雷頓和飛航主任金恩‧克蘭茲曾警告康拉德，萬一艙外活動出問題，他可能不得不捨棄高登。問題果然發生了——高登的面罩蒙上一層霧氣，他的心跳加速，汗水涔涔讓眼睛痛到張不開。康拉德只好抓住高登的腳，提前將他拉回艙裡。

　　後來，康拉德啟動愛琴娜號的引擎，把兩艘對接的太空船推向更高的軌道。當他們升高到海拔 1,370 公里處，康拉德被眼前景象所震懾，他叫道：「地球是圓的！我在這高處，一切盡收眼底！」

　　兩個小時後，雙子星 11 號回到較低的軌道，然後與愛琴娜號脫離並後退，不過兩者仍然以 30 公尺長的纜索連接。康拉德小心翼翼的啟動雙子星 11 號的推進器，目標是讓兩艘相連的太空船像車輪一樣對轉，這時太空人應該會感受到一股「人造引力」，類似搭乘旋轉木馬時感受到的離心力。然而，實驗結果並未符合預期，纜索一直無法維持拉直的狀態，而是像跳繩那樣不斷甩動。第二天，雙子星 11 號返回地球。

　　在雙子星計畫邁向最後一次飛行之際，NASA 下定決心要解決艙外活動問題。太空人巴茲‧艾德林每天在巨型水槽中不停練習——這是他們第一次嘗試用這種訓練方式。就像我們在游泳池裡會感覺身體變輕那樣，艾德林在深水中模擬在失重狀態下進行各種艙外活動。工程師也沒閒著，他們為太空船添加更多的把手和支撐點。

雙子星計畫落幕

1966 年 11 月 11 日，指揮官洛弗爾和艾德林前往發射臺。洛弗爾的背上掛著一張手寫的牌子，上面寫著「THE」，艾德林背上也有一張，寫的是「END」。

雙子星 12 號的任務目標是與愛琴娜號會合，但是才升空到 113 公里，雷達系統就失效。綽號「會合博士」的艾德林取出他帶上太空船的圖表，在沒有電腦的情況下，用人腦計算如何找到愛琴娜號。他的計算成功，讓雙子星 12 號趕上愛琴娜號，而且他們還用破紀錄的時間快速完成對接。

艾德林在為期四天的任務裡執行三項艙外活動，時間總共長達五個半小時，讓所有人都佩服不已。他剪斷纜線、轉動螺栓、連接插頭──這些都是阿波羅任務期間需要的工作項目，他不但逐項完成，而且看起來輕鬆自如。艾德林行前曾開玩笑的說，自己就像一隻訓練有素的猴子。於是，有人故意偷偷的把一根香蕉塞進他的工具包，而他一直等到上了太空才發現。

雙子星 12 號在 11 月 15 日返回地球，濺落在大西洋。美國派出一架直升機，將太空人送到黃蜂號航空母艦的甲板。雙子星計畫就此畫上句點。

雙子星計畫總共出動了十六名太空人執行飛行任務（其中有 4 名飛行兩次），太空飛行總時數為九百六十九個小時，並成功解決了會合、對接、艙外活動等問題。任務控制中心的葛林‧倫尼說：「在完成雙子星計畫之後，我們變得堅強無比而且信心滿滿。」不過，最艱難的挑戰還在後頭。

1966 年，11 月 11 日，吉姆‧洛弗爾與巴茲‧艾德林正準備執行最後一次的雙子星任務，照片中可以清楚看見兩人背上掛著的牌子。
照片來源：NASA, KSC-66C-9220

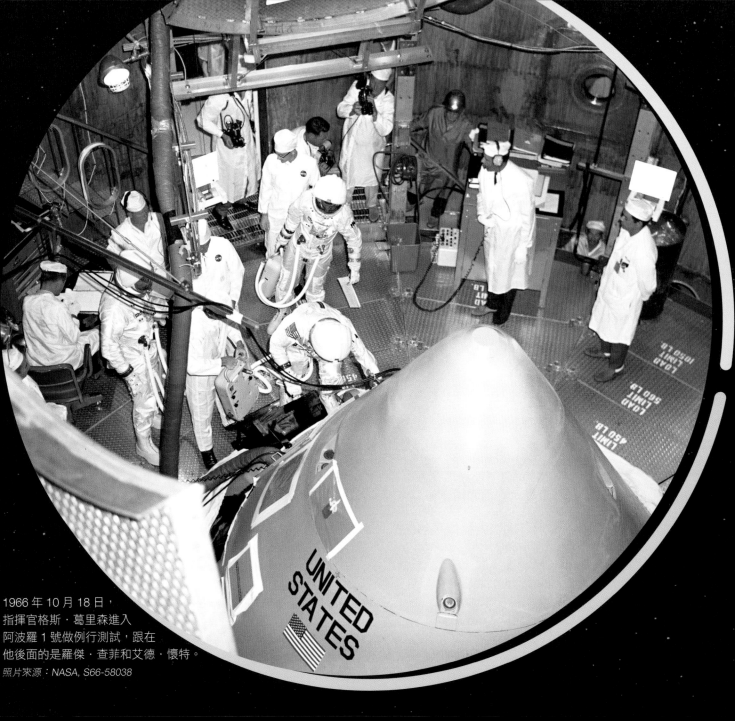

1966 年 10 月 18 日，
指揮官格斯·葛里森進入
阿波羅 1 號做例行測試，跟在
他後面的是羅傑·查菲和艾德·懷特。

照片來源：NASA, S66-58038

Chapter 3

悲劇與勝利

19^{67 年 1 月 27 日，懷特在甘迺迪太空中心進行阿波羅}太空船的測試，而懷特的妻子則載著剛上完芭蕾課的十歲女兒，回到位於埃爾拉戈的家。她還沒開進自家車道，就看見阿姆斯壯的妻子等在車庫前。

阿姆斯壯的妻子對她說：「NASA 那邊出問題了，但我不清楚實際狀況。」不久，門鈴響起，門外是太空人比爾‧安德斯，NASA 派他前來通知一個令人傷痛的噩耗。

當天傍晚，另外兩名太空人家中也上演著類似的場景。鄰居比恩、施威卡特和瑟爾南的妻子聚在查菲家中，陪著查菲的妻子。比恩的妻子說：「我想你可能會想要有個伴。」不過她並沒有明確說出原因。

太空人柯林斯隨後抵達查菲家。柯林斯說：「查菲太太，我想和你單獨談談。」雖然只是短短一句話，但他的表情已經說明一切。查菲的妻子堅毅的回答：「柯林斯，我想我知道發生了什麼。不過我必須親耳聽到。」

場景轉換到太空人葛里森家，席拉的妻子穿越後院籬笆，走到後院與她家相連的葛里森家。她對葛里森的妻子說：「卡納維爾角那裡發生意外，我想葛里森可能受了傷。」

沒多久，NASA 的總醫師查克・貝瑞帶著壞消息趕來 —— 發射臺上發生大火，阿波羅 1 號機組人員全數喪生。

趕！趕！趕！
. . . .

在那一天之前，NASA 彷彿一直蒙受幸運之神的眷顧，儘管水星和雙子星計畫飛航過程出現許多問題和事故，但是執行任務的十九名太空人都不曾受過重傷，罹難機率更是零。因此，對於那些之前擔任試飛員的太空人來說，駕駛太空船上太空似乎比駕駛研發中的新型噴射機還安全。

要在 1969 年 12 月 31 日之前登陸月球，這對太空機構和承包商來說，是個非常沉重的壓力。但是，他們還是希望能夠實現甘迺迪總統許下的承諾。

瓦特・康寧漢回憶道：「1967 年已經來臨。時間愈來愈短，大家把登月進度表奉為最高優先事項。所以，任何會拖慢進度的事，都很難得到批准。他們並非漠視可能發生的問題，只是沒像以前那麼重視。主管們都出現『進

度狂熱』。」

　　擔任過試飛員的太空人都知道什麼是「進度狂熱」，你會因為執著於要讓新飛機起飛，而忽略可能發生的問題，甚至是那些顯而易見的重大問題。這就是阿波羅計畫的問題，康寧漢說：「我們知道可能有風險，但我們就是想要起飛。我們的自尊心太過強大，所以就算他們只是拿箱子拼出個什麼東西，我們也覺得有辦法讓它飛上太空。」

　　1966 年 8 月，儘管還需要進行大量改良工程，第一艘阿波羅太空船還是如期從加州的工廠移送到甘迺迪太空中心。在之後的五個月中，太空船又在太空中心做了六百二十三項修改。

　　回顧這起令人悲痛的事件，會發現兩項最嚴重的錯誤顯然在先前就已經浮現。首先，阿波羅太空艙的艙門是複雜的雙門設計：一扇是朝艙內打開，另一扇則是朝外。葛里森之前搭乘的水星號太空艙在濺落時，因為意外啟動艙門上的爆炸螺栓，因而沉沒大西洋，因此他堅持採用新的雙門設計。然而，新艙門的確不容易因意外而被啟動，但打開艙門卻需要費時將近 2 分鐘，如果太空人遇到緊急情況時，這會是個大問題。

　　另一項錯誤是，我們呼吸的空氣只有 21% 是氧氣，但太空艙內使用的是 100% 的純氧。火需要氧氣才能燃燒，氧氣濃度愈高，發生火災的風險就愈高，甚至連平時不會燃燒的東西都能引燃。即使北美航空工業公司的工程師強烈建議不要使用純氧，但水星計畫和雙子星計畫的太空艙也都是使用純氧，由於過去並未發生任何問題，所以 NASA 也完全不以為意。

　　距離 1967 年 2 月 21 日預定發射日愈來愈近，但問題卻層出不窮。太空

阿波羅1號的機組人員（由左至右）：格斯·
葛里森、艾德·懷特和羅傑·查菲。照片來源：
NASA, S67-19770

艙的環境控制故障，冷卻液溢漏。太空艙內部到處都布滿管線，總共長達幾公里，而且很容易損壞。

葛里森知道太空船有問題。1月下旬，他從自家後院摘下一顆檸檬，掛在卡納維爾角的訓練模擬器裡。在英文中，「檸檬」被用來比喻那些瑕疵嚴重、狀況百出的二手車，他在向所有人傳遞一個顯而易見的訊息：這艘太空船是垃圾。

烈火無情

1月27日，太空人在34號發射臺進行模擬試射。這是一項「拔除插頭」測試，也就是切斷與發射臺的電力連結，以確認在太空船發射後，電力、維生和通訊系統能否獨立正常運作。

在測試過程中，通訊系統一直出狀況。以至於史雷頓和主管喬·希亞曾經考慮親自坐進太空人下方的設備艙裡，這樣至少可以即時聽到他們遇上什麼問題。

下午稍早的時候，葛里森說經由太空衣輸送的氧氣有一股怪味，聞起來像是酸掉的牛奶。艙外人員無法確定氣味的來源，不過還是繼續進行測試，

將愈來愈多氧氣打進密閉的太空艙。

艙門關閉後，機組人員與艙外人員的通訊還是有困難。葛里森生氣的大聲說道：「如果隔著三棟建築物都沒辦法通話，那我們要怎麼去月球？」測試在下午 6 點 20 分暫時停止，太空人著手修理通訊系統。

下午 6 點 31 分，在葛里森腳下的設備艙裡，一根磨損的電線產生火花，導致電線的絕緣層開始燃燒。火焰迅速蔓延到同束線路，然後點燃三人下方的尼龍網。

懷特對著他的麥克風喊道：「火！」

控制人員不知道自己是不是聽錯了（事實上，由於錄音難以辨讀，對於太空人當時到底說了什麼、又是誰說的，一直沒有一致的結論）。

接著，懷特喊道：「我們的駕駛艙著火了！」

對著艙口窗戶拍攝的監視錄影顯示，懷特拚命鬆開艙口螺栓，可是要完成這項工作需要工具。

查菲大聲的說：「這裡火勢凶猛，我們要燒光了！」艙內所有可燃物都在燃燒，如泡沫墊、尼龍管路，甚至連貼在牆上的便利貼都逃不過火舌的吞噬。才幾秒鐘的時間，艙內溫度飆升至攝氏 1,371 度，而艙壓不斷上升，連艙體的焊接縫都被撐裂。技術人員想要衝進太空艙，卻因為強烈的熱氣、濃煙和火焰而無法靠近。

控制人員從無線電聽到的最後一個聲音，是一聲痛澈心扉的慘叫。

在休士頓的任務控制中心，電腦讀數完全靜止，大多數人都預想到最糟糕的情況。克蘭茲回憶道：「我不曾看過任何一個機構或一群人，同時經歷

燒毀的阿波羅 1 號太空艙。
照片來源：NASA, KSC-BurntCapsule

63

燒得焦黑的阿波羅1號太空艙內部。照片來源：
NASA, S67-21294

一生中最深層的恐懼。控制人員多半是剛從大學畢業、二十出頭的年輕小伙子。在那 16 秒裡，所有人聽著機組人員的聲音，共同歷經如此巨大的痛苦……這一切是如此真實，面對已然發生的這場災難，多數控制人員都不知道該如何面對。」

技術人員花了 5 分鐘才打開艙門。等到艙門打開，發射臺主管唐恩・巴比特對著無線電說：「我不知道該如何描述我看見的景象。」

那個星期五，當柯林斯打來電話時，比恩正在休士頓的太空人辦公室工作。柯林斯說：「機組人員喪生了。」比恩負責聯絡太空人和其他人員，他們要通知家屬這個消息。在通知家屬之後，才向媒體正式發布消息。

黑暗歲月

驗屍結束後，葛里森和查菲的遺體被送到阿靈頓國家公墓安葬。1967 年 1 月 31 日，頂著凜冽的天氣，葛里森安詳的躺在覆著國旗的棺木裡，由其餘六名水星計畫太空人以及葛里森的雙子星任務搭檔楊恩共同扶靈前往墓地。四個小時後，查菲下葬在葛里森旁邊。噴射機以表示追思致敬的「缺席隊形」飛掠而過，詹森總統與太空人的遺孀、父母和孩子一同在現場默哀。

那天稍晚，懷特被安葬在西點軍校，他於 1952 年從西點軍校畢業。在葬

禮上擔任扶靈者的是他在雙子星任務時期的六名太空人——阿姆斯壯、艾德林、康拉德、波爾曼、洛弗爾和史塔福。

葬禮以電視現場轉播，在全美國播放。而悼詞從全世界各地捎來，甚至包括蘇聯太空人。他們寫道：「這些勇敢的太空征服者的逝世，不僅讓美國人民震驚，也讓我們深感傷痛。」

這一年，蘇聯也發生第一起太空人死亡事件。4 月 24 日，科馬洛夫搭乘聯盟 1 號進行他的第二次太空飛行任務，太空船順利抵達軌道，但太陽能電板卻無法打開。隨著電源耗盡，太空艙的導航電腦與推進器發生故障，科馬洛夫被迫終止任務。隔天，太空船重返大氣層，不料降落傘纏繞糾結，最後直接墜毀在地面上。

NASA 署長詹姆士·韋伯發信向莫斯科致哀。他在信中提議兩項跨國合作計畫，以提升太空船的安全性。他寫道：「如果我們知悉彼此的希望、目標和計畫，是否能挽救那些失去的生命？如果當時我們已經常態性的充分合作，能否讓太空人們免於犧牲？」

那一年還有兩位太空人喪生，不過不是在太空裡。6 月 6 日，艾德華·季文斯在休士頓載人太空飛行任務中心附近的一場車禍中喪生。10 月 5 日，克里夫頓·威廉斯駕駛的 T-38 教練飛機，在佛羅里達州的塔拉哈西附近，因為機械故障而墜毀喪生。

1967 年沒有任何阿波羅飛航任務，許多人開始為這項計畫的未來憂心。瑟爾南回憶道：「我還記得，那一天我在阿靈頓參加兩位同袍的葬禮，而我不知道我們當時所埋葬的，只是我們的兩位摯友，還是整個阿波羅計畫。」

不過，有人想起葛里森在 1966 年的記者會時說的話：「如果我們喪生，我們希望大家坦然接受。這是一項有風險的工作，我們希望即使我們出了什麼事，計畫也不會因此延遲。征服太空是一場值得冒生命危險的計畫。」

學到的教訓
. . . .

火災發生後的第二天，NASA 成立「阿波羅 204 檢討委員會」進行調查。（那次任務原名是「阿波羅 204」，後來經家屬要求才改為「阿波羅 1 號」，並將先前兩次無載人任務改為阿波羅 2 號及 3 號。）接下來的九個星期，委員會把燒得焦黑的太空艙大卸八塊，目的不只是為了找出起火原因，也是為了找出被 NASA 及承包商所忽略的任何大小問題。

調查人員了解到的第一件事是，機組人員並非是被燒死的，而是因缺氧窒息而死——燃燒所產生的煙霧和一氧化碳進入了他們的太空衣。調查人員還發現，導致起火的受損電線，是在建造或修改太空艙時遭到踐踏或劃刮所造成。

然而，最確切的證據則是來自其他太空人。他們覺得在北美航空工業公司，找不到人可以討論他們所看見的問題；而在 NASA 也好不到哪裡去，製造和監督過程都十分鬆散馬虎。

委員會最終的建議是：讓太空人在監督計畫的各個層面扮演更重要的角色，並賦予他們更多權力去指出所發現的問題。即使無法在 1960 年代結束之

阿波羅 1 號任務徽章。圖片來源：
NASA, S66-36742

前上月球，也必須確保所有工作都能正確完成。

　　儘管如此，他們仍然想要達成甘迺迪總統許下的宏願。NASA 公布報告的第二天，史雷頓召集十八位經驗最豐富的太空人開會。他一到會議現場就開門見山的切入正題。他說：「未來執行第一次月球任務的人就在這個房間裡。第一個登陸月球的人，現在正注視著我。」但是史雷頓沒有指名這個人是誰。

　　他們對太空艙與發射臺進行一千三百四十一處設計修改，包括盡量使用不易燃的材料、艙門改為可以在 3 秒內向外打開，並在發射臺安裝防火系統。曾在雙子星計畫期間負責發射臺營運的根特‧溫特也被重新起用，他的任務之一就是為發射臺訂定逃生計畫，確保當事故發生時，每個人都能在 2 分鐘內到達安全地帶。

　　儘管 NASA 已經成立檢討委員會，美國國會還是展開自己的調查工作。NASA 有些人擔心，國會將藉由聽證會中止阿波羅計畫。在聽證會上，擔任檢討委員會委員的太空人波爾曼與立法者正面對決，他說：「我們對於我們的管理、工程和我們自己都充滿信心。我認為，問題的癥結在於，你們對我們是否具有信心。」

　　最後，NASA 有三個人遭到免職，但是阿波羅計畫得以繼續進行。這場大火似乎在用一種奇特的方式，敦促著登月夢想的實現。太空人阿姆斯壯回憶道：「我們得到『時間』這份大禮。我們從未奢望能獲得這份禮物，但是現在我們獲得一段時間，不只能修復太空船，還能重新檢視我們以前的所有決定、計畫和策略，並確實做出改變，滿心期待能把一切做得更好。」

阿波羅 4 號與「全面測試」

　　在 NASA 解決指揮艙問題的同時，土星 5 號運載火箭的建造工作也在如火如荼的進行中。在 1966 年的火災事件之前，已經成功發射三具較小型的土星 1B 號火箭，現在，到了對土星 5 號火箭進行全面測試的時刻。阿波羅 4 號是一次無載人飛行，也是一次嶄新的契機，可以測試為阿波羅計畫全新打造、規模龐大的 39 號發射臺。

　　1967 年 11 月 9 日，阿波羅 4 號準備發射。發射臺上火箭負載的無人指揮艙和模擬登月艙，總重量高達 140 公噸，比 NASA 之前三百五十次用火箭送入地球軌道的重量總和還重。土星 5 號就是如此強大。

　　然而，多數人都只能透過電視轉播觀看土星 5 號發射，沒有幾個人有機會親自體驗它的威力。當時哥倫比亞廣播公司新聞主播華特・克朗凱在 4.8 公里外的移動攝影棚做現場直播。早上七點，當火箭引擎點燃時，巨大的爆炸聲響遍整片沼澤地。

　　「我的老天爺！我們的攝影棚在搖晃——我們的攝影棚在搖晃！」在克朗凱的大喊中，攝影棚的天花板開始一片片掉下來，掉得到處都是。「這片大玻璃窗在震動！我們用雙手撐住它。看哪！火箭發射了，飛進約 914 公尺高的雲層。這引擎聲實在太令人震撼了！」連遠在北方 290 公里外的傑克森維爾市，都能看見一顆明亮的火球衝向清晨的天空。

　　阿波羅 4 號太空艙繞行地球圓形軌道兩圈，然後發動第三節引擎，進入橢圓軌道。傾斜的橢圓路徑把太空艙高度從 85 公里推向 18,076 公里，並從

那裡返回地球。太空艙啟動火箭，把時速提高到接近 40,250 公里。從月球起飛的太空船會以這種速度返回地球，因此工程師需要在這種速度下，測試太空艙隔熱罩的耐受度。

太空船呼嘯著，在西太平洋上空劃破大氣層。隔熱罩的溫度高達攝氏 2,760 度，不過艙內溫度從未超過攝氏 21 度。阿波羅 4 號從佛羅里達州起飛後不到九個小時，就成功濺落海上，由班寧頓號航空母艦回收。

阿波羅 5 號和阿波羅 6 號

距離阿波羅 4 號發射十個星期後，下一次試飛也已經準備就緒。阿波羅 5 號的任務是，首次搭載最後要用來登陸月球的登月艙，並在太空測試。1968 年 1 月 22 日，它安坐在阿波羅 1 號發生火災時所在的土星 1B 號頂端。

在軌道運行的十一個小時，登月艙幾次點燃下降和上升引擎。登月時，下降引擎能讓登月艙在月球表面著陸。上升引擎則用於離開月球、返回地球。控制人員還模擬著陸中止，也就是下降引擎未脫離時啟動上升引擎。他們稱這項測試為「預警」測試。儘管飛行過程出現一些問題，但是 NASA 認為阿

1967 年 11 月 9 日，土星 5 號第一次發射，把阿波羅 4 號送進太空。照片來源：NASA, S67-50433

冰凍的火箭

如果你能親眼看著像土星5號這樣的液體燃料火箭升空，當火箭離開發射臺時，你應該會看見天空有白色冰片紛紛落下。這是怎麼一回事呢？

土星5號使用煤油和液態氧做為第一節引擎的燃料，並在第二節火箭引擎使用液態氧和液態氫。液態氧的儲存溫度是攝氏零下183度以下，液態氫則是攝氏零下253度以下。兩種燃料都會讓土星5號的表面非常冰冷，因此，在火箭發射地佛羅里達州的潮濕空氣裡，水蒸氣就會在火箭上凝結，就像夏日桌上那杯冰到會「滴汗」的飲料。由於火箭表面溫度實在太低，凝結的水就會結成一大片又一大片的冰。

事實上，我們不用親自去發射場，在家裡也可以複製冰凍的火箭哦。

請準備：
◆ 用於清潔電子產品的高壓噴氣罐
◆ 潮濕的天氣

1. 選一個濕度高的日子。
2. 把噴氣罐放在桌面上，注意噴嘴不要對著自己或別人的臉。盡量不要觸摸罐子，並且持續按壓開關，直到空氣耗盡。完成後，請觀察罐子表面有何變化？
3. 摸摸看罐子，你感覺到什麼？想像一下比這個程度強烈非常多的情況，那就是液體燃料火箭升空時，火箭表面的狀態。

波羅5號是一次成功的航行。

三個月後，最後一次無人駕駛飛行任務——阿波羅6號發射進入太空，雖然其實離太空還差了一點點。土星5號升空進入大氣層時，出現每秒大約五、六次的上下震動。這種「縱向振動效應」導致燃料溢漏，第二節火箭的五個引擎發生兩次提前熄火。在登月任務中保護登月艙的面板，也有兩片因為火箭的震動而掉落。

儘管如此，指揮艙還是到達22,225公里的高度，在軌道上搖擺繞行。然而問題還沒結束，控制人員試著再次起動第三節火箭，卻不幸失敗了。因此，他們無法在返回大氣層時測試指揮艙的隔熱罩耐受度。

面對這次事件，克拉夫特誠實的說：「這是一場災難。我想

再次強調，這是一場災難。」但是，大部分媒體都沒有花太多篇幅報導 4 月 4 日的發射問題——這也難怪，因為那一天，正好是美國黑人民權運動領袖金恩博士遭到刺殺身亡的日子。

阿波羅 7 號，席拉的飛行

阿波羅 1 號起火事件過了五個星期後，太空人瓦歷・席拉、康寧漢和唐恩・埃斯利來到卡納維爾角，史雷頓對他們說：「我想讓你們知道，你們將是下一次飛行任務的人選。」

席拉是這趟飛行任務指揮官的完美人選。他之前去過太空兩次，深受 NASA 工作人員愛戴而被暱稱為「開心果瓦歷（瓦歷是席拉的名字）」，他同時也廣受美國大眾的喜愛。

在經歷阿波羅 1 號的巨大傷痛後，要重建美國各界對阿波羅計畫的信心，太空人成為關鍵環節。太空人在訓練之餘，還要巡迴全國各地，與公民團體及阿波羅計畫承包商進行座談。他們要傳達的訊息很明確：我們不會讓之前的挫折，成為我們登月的阻礙。

康寧漢坦承道：「阿波羅 7 號變得非常重要。如果阿波羅 7 號失敗了，我們真的很難想像太空計畫的命運將會如何。只要再發生一起事故，就會讓這個國家頓時充滿灰心喪膽的人……拚命的大聲嚷嚷，要永久終止這項計畫。」

然而，席拉私底下並不像在公共場合那麼樂天。溫特觀察到：「幾個月

過去，隨著發射的日子愈來愈近，席拉也開始發生改變。我們所熟悉的那個『開心果瓦歷』不見了，取而代之的是一個嚴苛又易怒的人。」對於飛行計畫的任何變動，只要他認為對任務無關緊要的事，像是進行科學實驗、電視轉播、拍照等，他都一概拒絕接受。

當席拉得知太空人在發射與濺落過程所用的座椅沒有更新，他要求任務控制中心採行一條新規定：如果發射臺的風速大於 18 節（時速約 33 公里）就要取消飛行。因為他擔心緊急逃生時，張著降落傘的發射逃生系統會被大風吹回陸地（原本應該濺落海上），導致太空人因撞擊造成傷亡。

9 月 20 日，也就是發射前三個星期，席拉對外宣布，他要在隔年 7 月從 NASA 退休。阿波羅 7 號將是他的最後一次太空飛行。

重回太空

1968 年 10 月 11 日，阿波羅 7 號準備就緒。當三名太空人邁向開往 34 號發射臺的接駁車，NASA 工作人員在走廊排成一列，為他們熱烈鼓掌。二十一個月前，阿波羅 1 號機組人員就是在這個發射臺上喪生，而在阿波羅 7 號之後，這座發射臺也將功成身退。

在高塔上，溫特和工作人員將太空人送進太空艙就位，然後關閉艙口；在發射控制中心，工作人員一邊監測火箭和天氣，一邊倒數計時；在太空艙裡，席拉望向窗外說道：「外頭就像青鳥一樣藍。」

在大氣層「衝浪」的太空船

阿波羅號的指揮艙返回地球時，並不是像石頭一樣直直落入大海，而是歷經一條有起有伏的路徑，就像立在浪頭上的衝浪者一樣。有時候，它會調整隔熱罩的角度，以滑行的方式穿越大氣層，因此太空艙會先升起，然後再次下墜。等到抵達目標區域，它就會釋放降落傘並直線降落。

阿波羅指揮艙可以採取不同路徑抵達目標區域。圖片來源：*Apollo Logistics Training Manual (North American Aviation, 1965)*

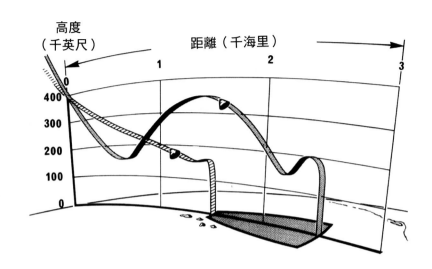

不過，眼前雖然晴空萬里，但並不是適合發射的天氣。康寧漢回憶道：「風很大。我們可以感覺得到運具和懸臂在搖晃。」席拉再次提醒發射控制中心，要注意他的風速規定。

席拉的妻子人在休士頓，和她的孩子及水星計畫七人組其他大部分家庭一起觀看電視轉播。埃斯利的妻子則選擇待在家中，她將年僅四歲的兒子緊緊抱在腿上，同時盯著三臺電視──每臺電視看不同頻道的轉播。她的毛衣上別著一枚圓形史努比徽章，上面寫著：「我已經練就一種新哲學，一次只害怕一天」。康寧漢的妻子帶著兩個孩子來到佛羅里達，在卡納維爾角附近

星際爭霸戰

1966 到 1969 年期間，也就是阿波羅計畫的早期，《星際爭霸戰》（*Star Trek*）電視影集首度播出。每一集都是以寇克艦長的口白開場：「太空，人類的終極邊疆。這是星艦企業號的旅程，為了探索這個全然陌生的新世界，尋找宇宙中的新生命與新文明，勇敢航向人類足跡從未踏至的領域。」聽到這段話，讓人不禁想起甘迺迪總統立下的挑戰。

絲毫不令人意外的，許多太空人和 NASA 工作人員都是這部影集的忠實觀眾。在第二季的「任務：地球」一集裡，寇克船長和史巴克先生穿越時空，回到土星 5 號發射的時候，而影片中的那些畫面，用的正是早期阿波羅號真實的飛行紀錄影像。這部影集的最後一集在阿波羅 11 號登陸月球前一個月播出。

《星際爭霸戰》演員與影集創作者金恩・羅登貝瑞在企業號太空梭前合影。照片來源：*NASA, S91-27436*

1970 年代，NASA 聘請劇中飾演通訊官烏瑚拉中尉的妮雪兒・尼可絲為代言人，鼓勵女性與非白人族裔加入太空人計畫。在尼可絲的幫助下，NASA 召募到莎莉・萊德以及圭恩・布魯福德，兩人日後分別成為第一位進入太空的美國女性（1983 年 6 月），以及第一位進入太空的非裔美國人（1983 年 8 月）。

NASA 展開太空梭計畫後，1977 年打造出的第一架太空梭，就取名叫「企業號」（這架太空梭主要是擔任測試任務，不曾進入太空）。

河面的船上觀看太空船發射。

　　當時間接近早上 10 點的起飛時刻，發射臺的陣風為 20 至 25 節，略高於席拉認為危險的水準。但是擔任太空艙通訊員的史塔福向席拉保證一切都很好（太空艙通訊員負責休士頓控制中心與機組人員之間的溝通。擔任這個職務的人通常也是太空人）。席拉不太高興，但是他信任曾和他一起完成雙子星 6 號飛行任務的史塔福。

　　時間一分一秒過去，康寧漢喃喃自語道：「好，康寧漢，無論如何千萬別搞砸了！」引擎燃起火焰，土星 1B 火箭慢慢從發射臺升起，12 秒之後離開塔臺。不久之後，阿波羅 7 號就以每小時 28,100 公里的速度繞行地球。

來自太空的現場轉播

　　康寧漢談到阿波羅 7 號任務時，曾如此寫道：「直到你和另外兩個人在相當於轎車後座大小的空間裡，一起度過十一天，你才會真正明白『同舟共濟』的真義。當同伴打了個飽嗝，你會不由自主的接著說『不好意思』。我們在同一個空間裡，一起工作、吃飯、睡覺，也一起感冒。或許可以這麼說，我們根本是連所有身體功能的運作，都已經連結在一起。」

　　這可不是玩笑話。在發射當天，席拉感覺自己不太對勁。一天之後，他在軌道上出現重感冒症狀。然後埃斯利也染上了感冒。他們很快就發現，在零重力環境下，鼻涕不會自己流下來，必須不斷用力將鼻涕擤出。康寧漢寫

阿波羅 7 號任務徽章。圖片來源：NASA, 68-26668

1968 年 10 月 14 日，唐恩・埃斯利（左）
和瓦歷・席拉在太空的第一次電視現場轉播。
照片來源：NASA, S68-50713

道：「沒多久，所有我們能找到的空間都塞滿我們用過的衛生紙。」

可是，他們還有工作要做。這次的任務是測試指揮與服務艙，以及它的導航系統，以及三名太空人在往返月球和地球的過程裡如何協同工作。

第二天，機組人員將太空艙駕駛到距離第二節火箭約 21 公尺的範圍，模擬會合任務。這時，第二節火箭正處於失控翻滾狀態，太空人必須小心操控以免靠得太近。席拉全神貫注在進行測試，當任務控制中心提醒他電視轉播馬上就要開始，他感到非常生氣，覺得這是在浪費機組人員的時間。他吼道：「我們這裡在測試新機器，現在我就可以告訴你，電視轉播延期。就這樣，不必再討論了！」於是，第一次太空現場的電視轉播從星期六延到星期日。

第二天晚上，一張模糊的黑白照片出現在全球的電視螢幕上。席拉舉著一張字卡：「來自俯視萬物、可愛的阿波羅太空艙的消息」。接著，觀眾們在電視上欣賞到地球的照片，還有太空人在零重力環境表演雜技——康寧漢在大學時曾經是體操運動員。太空人還為觀眾導覽指揮艙，並示範在太空裡怎麼準備食物。轉播結束前，席拉舉起另一張字卡：「朋友們，卡片和信不要停」。幾天後，他的秘書收到三千封來自四面八方的來信，於是她拜託任務控制中心轉告席拉，千萬別再那樣做了。

在阿波羅 7 號任務期間，共有七場現場轉播節目。每一場都是 7 到 11 分鐘，轉播時間是太空船經過德州或甘迺迪太空中心的時段，因為只有那裡才可以接收到電視訊號的雷達天線。

生氣的太空人

從電視轉播畫面上看起來，太空人似乎很開心，但事實上，席拉一直給機組人員吃苦頭。任務控制中心也沒有比較好過，每當飛行計畫需要改變，席拉就會抱怨連連。

最後，席拉終於發火：「我在這裡已經受夠了！從現在開始，任務由我說了算。我們不會接受任何新要求……也不做我們從來沒聽過的瘋狂測試。」席拉所認為的「新要求」，其實通常根本不是新的，只是因為他在訓練期間，根本不太關注科學實驗才會這麼覺得。

結果日子一天天過去，要做的事情卻愈來愈少。康寧漢坦承：「最後幾天相當無聊。我們完成所有的事……連電影都看完了。我們原本還可以做很多其他活動。」

埃斯利則說：「我有大半天都望著窗外，看著地球在我眼前經過，那是一幅寧靜、令人敬畏與讚嘆的壯麗景象。」

阿波羅 1 號大火事件之後，機組人員不准帶書本或任何紙張進太空艙，於是他們自己發明零重力太空遊戲來打發時間。席拉說：「康寧漢用拇指和食指連成一個圈，我試著射鉛筆穿過圈圈。」他們在用餐時互相丟肉桂塊，然後嘗試用嘴去接，或是用氣槍彈它們。可是就算這樣，他們也沒有開心多久。席拉後來坦承：「當時的我無聊到想哭。」

指揮艙有多大？

阿波羅指揮艙只能剛好裝進三名太空人。它的內部高度只比 2.7 公尺稍高一些，和一般住家的室內高度差不多，只不過它是一個錐形的空間。在這個活動中，我們要用紗線重現指揮艙的形狀，藉此了解它實際上有多大……或是有多小。

請準備：
◆ 一個大房間
◆ 紗線
◆ 捲尺
◆ 美紋膠帶
◆ 梯子
◆ 八本厚重的書
◆ 找一個大人幫忙
◆ 找兩個朋友

1. 用尺丈量，剪出八條 3.6 公尺長的紗線。

2. 將八條線的一端集中在一起，並打成一個結。

3. 請大人用梯子和美紋膠帶（以免破壞天花板表面），把線結貼在房間中央的天花板。必要時需移動家具。

4. 從紗線垂在地板處往外丈量 2 公尺。輕輕拉出一條紗線，在 2 公尺處用書壓住，以固定紗線。注意紗線不要垂墜。

5. 在對向 2 公尺處用書固定第二條紗線。

6. 依此類推，固定另外六條紗線。完成之後應該會出現一個圓錐空間。

7. 和兩個朋友一起站進這個「太空艙」。想像一下，如果你們整天都必須待在這樣大小的空間，時間為期一星期或更長的時間以完成太空任務，你能想像那會是什麼樣的情景嗎？

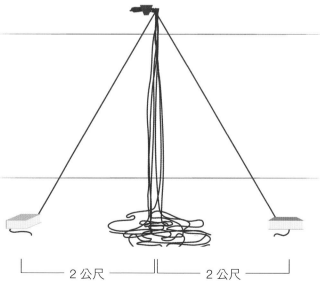

├─── 2 公尺 ───┤├─── 2 公尺 ───┤

回到地球

阿波羅 7 號在軌道運行將近十一天後，終於來到返回地球的時刻。不過就在此時，太空人與任務控制中心再一次發生爭執。太空艙的艙壓會在返回地球過程中劇烈變化，席拉擔心機組人員還在鼻塞，戴著頭盔就不能捏住鼻子或擤鼻涕，他們的耳膜可能會因為無法調節壓力而破裂。因此，即使這樣做會違反規定，但席拉表示，他們在重返地球的過程將不戴頭盔。

任務控制中心知道後很生氣。無線電裡傳來史雷頓的聲音：「席拉，拜託你戴上頭盔。」

席拉答道：「抱歉，史雷頓。除非你能上來這裡幫我們戴上，不然我們不會戴著頭盔回家。」

最後，阿波羅 7 號濺落在百慕達附近的大西洋上。一開始幾分鐘，太空艙是倒栽蔥的在波浪間載浮載沉，太空人被倒掛在扣著安全帶的座椅上。

「你們感覺怎麼樣？」埃斯利問另外兩個人：「會覺得噁心或頭暈嗎？我覺得我快吐了。」他說得一點也沒錯，在「直立袋」充氣把太空艙翻正之前，他忍不住吐了出來。

直升機把機組人員吊上去，飛到附近的艾塞克斯號航空母艦。他們抵達甲板上時，還在適應重力的感覺。康寧漢記得：「就連身上穿的衣服也感覺很重。當我們走出直升機、登上航空母艦，都有一種褲子快要掉下來的不安。我不由得把我的褲子往上提了一下。當我們意識到其中的原因時，三個人都不禁咧嘴而笑。」

儘管地面人員和機組人員之間衝突不斷，但是阿波羅7號仍然是一次相當成功的任務。阿波羅計畫的領導者山姆·菲利普斯將軍稱這次任務是「101%成功」，因為此行不僅完成所有原訂目標，還額外實現一些其他目標。但是，機組人員的行為還是惹惱了許多任務控制中心的人員。據說克拉夫特曾經發過牢騷：「這些傢伙不准再飛了。」而他們三人自此之後也確實沒有再出過飛行任務。

（左圖）藝術家所描繪阿波羅指揮艙返回地球的情景。圖片來源：NASA, S68-41156

（右圖）：1968年10月22日，瓦歷·席拉、唐恩·埃斯利和瓦特·康寧漢（由左到右）返回地球後，合影於艾塞克斯號航空母艦。
照片來源：NASA, S68-49744

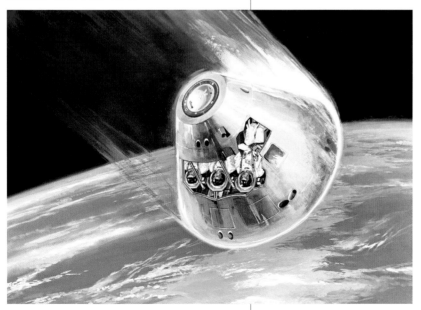

太空人的伙食

雙子星號太空人之前曾經對他們的伙食有過怨言，因此在阿波羅7號任務中，NASA 測試了新改良的「太空食品」。現在，太空人們有七十種選擇，包括：草莓麥片餅、豆子湯、熱狗、雞肉、蔬菜、香蕉布丁，還有起司餅乾丁。營養師會依據太空人的喜好，搭配均衡的膳食。此外，太空人還有可以食用的牙膏。

有些食物有經過脫水處理，所以太空人在開動前，必須先把熱水或冷水注入塑膠餐袋。請按照以下「食譜」，試試太空人吃東西的感覺——而且不需要用到盤子和餐具哦！

請準備：

◆ 一盒即溶布丁粉（小盒）
◆ 牛奶
◆ 兩個可重複密封的夾鏈袋
◆ 剪刀

1. 把即溶布丁粉平分成兩份，分別裝入兩個夾鏈袋裡。
2. 依照即溶布丁粉外包裝指示，準備適量牛奶，每袋各倒入一半份量。
3. 壓下夾鏈壓條，留下一個小開口，盡可能讓空氣排出後，將袋口完全密封。

4. 小心搓擠夾鏈袋，以混勻布丁粉和牛奶。按照外包裝指示，把夾鏈袋袋放進冰箱冷藏。
5. 完成之後，就可以開動囉！……不過不能使用餐具。剪掉袋子一角，然後把布丁擠進嘴裡。你能想像得到，如果你在零重力環境吃太空餐，可能會遇到哪些問題嗎？

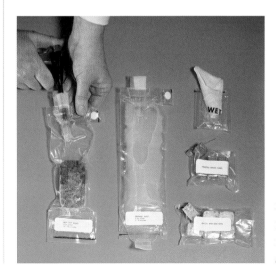

在雙子星號的一餐：燉牛肉、柳橙汁、濕紙巾、烤麵包丁和培根雞蛋丁。注意燉牛肉和柳橙汁袋有注水閥。*照片來源：NASA, S65-10971*

1968 年 12 月 21 日，
出發前往發射臺的阿波
羅 8 號機組人員。由前至
後分別為法蘭克‧波爾曼、
吉姆‧洛弗爾和比爾‧安德斯。
照片來源：NASA, S68-55999

Chapter 4

飛向月球

19^{68} 年 12 月 21 日，阿波羅 8 號發射升空。在繞行地球軌道的兩個小時中，太空人與任務控制中心完成確認，太空船一切正常。無線電裡傳來太空艙通訊員柯林斯的聲音：「阿波羅 8 號。執行地月轉移。」

柯林斯心想：「拜託，難道沒有更好的講法嗎？」畢竟，這是有史以來首次有人類脫離地球引力的束縛。「地月轉移」是從地球軌道飛向月球的專業術語，但在這個重要的時刻，或許更該講點意義非凡的話，例如遠古第一隻爬上陸地的爬蟲類或哥倫布的名言等等。不過柯林斯沒機會這麼說。波爾曼立刻回應：「收到，執行地月轉移。」

洛弗爾將指令輸入導航電腦，螢幕顯示：「99」。意思是電腦在詢問：「是否確定？」於是洛弗爾按下「執行」按鈕。

力爭登月

1968 年夏天，美國中央情報局的間諜衛星在蘇聯的太空發射基地拍攝到讓人憂心的東西：一枚強大的新型火箭，可以發射比過去更大的太空艙。蘇聯的探測器系列飛船雖然無法登陸月球，但經過改裝後，有能力搭載兩名太空人繞月飛行……而且時間會比美國早一步。

更糟糕的是，阿波羅計畫的進度落後。第一個登月艙得到 1969 年初才能準備就緒，NASA 希望能先讓登月艙在地球軌道上完成測試，確認安全無虞後，再正式將它送往月球。然而就在 1968 年 9 月，俄羅斯成功發射探測器 5 號，順利繞過月球並安全返回地球，太空艙裡載著一些生物，包括：兩隻陸龜、麵包蟲、果蠅、植物、種子，以及一個假人。

不過，NASA 也有自己的祕密武器。NASA 主管喬治・洛提出一項大膽的計畫：讓阿波羅 8 號進行一趟沒有登月艙的月球之旅，而且不只是繞行月球後直接返航，而是讓三名太空人進入月球軌道後，進行繞月飛行。

NASA 署長韋伯得知他的構想時，忍不住破口大罵：「你是瘋了嗎？土星 5 號甚至都還沒有載人發射升空過，如果這三個人被困在那裡、死在月球軌道上，該怎麼辦？這將會讓所有人 —— 無論是情侶、詩人或任何人 —— 從此以後看待月亮的眼光截然不同！」

太空人反而沒顧慮那麼多。史雷頓告訴波爾曼：「我們希望將阿波羅 8 號從地球軌道飛行任務，改變為月球軌道飛行任務。我知道我們沒有太多時間準備，所以我一定得問問你，你覺得要不要這麼做？」

波爾曼想都沒想就回答：「要。」一向冷靜的波爾曼開心到幾乎要翻幾個跟斗，甚至完全忘了徵求其他組員的意見。還好，他們馬上一致表示同意。

洛弗爾回憶道：「我開心極了！伙伴，這真是太好了！我可不想再花上十一天，只為了圍著地球一直繞圈圈。……我們將會開拓全新的疆土、探索未知的領域，首次目睹月球的另外一面。這一切是如此令人嚮往，所以對我來說，無論其中可能牽涉多大的風險，那都是微不足道的。」

安德斯則有點顧慮，他擔心的不是自己，而是他的家人。他家裡還有五個年幼的孩子，如果他回不來，他們該怎麼辦？但是當安德斯告訴妻子他的擔憂，妻子卻反問他：「難道這不是你一直以來想做的事嗎？」安德斯的妻子說得沒錯，這正是他夢寐以求的事。

洛弗爾選在妻子提議全家一起去墨西哥渡假時，告訴她這個消息。他說：「我沒辦法去渡假。」妻子聽了以後不太高興的說：「可是，這趟旅行我已經全部計劃好了！」

洛弗爾看著妻子，說：「我要去另外一個地方，一個特別的地方。」妻子問：「你要去哪裡？」洛弗爾微笑答道：「你相信嗎？月球。」

準備啟程
· · · · · · · · · · · · ·

阿波羅 7 號發射兩個星期後，NASA 署長湯瑪斯・潘恩在 1968 年 11 月 12 日宣布：「在對相關系統和風險做過審慎而澈底的檢視之後，我們的結論

每個 NASA 任務都有專屬徽章，而太空人會把徽章縫在衣服上。阿波羅 8 號的徽章是由洛弗爾設計，錐形的輪廓就像個指揮艙，內部圖案則是從地球往返月球的路徑，剛好是數字 8 的形狀。

在這個活動裡，想像你入選為進行第一次火星之旅的太空人，請為你的歷史之旅設計一個獨特的徽章吧！

請準備：

◆ 紙
◆ 彩色鉛筆或馬克筆

1. 首先，請觀察本書裡的阿波羅徽章，你發現各個徽章運用哪些設計元素？所有徽章都有任務名稱，不過並非每個徽章上都有太空人的名字，也未必會顯示太空船的圖像。

2. 列出你想要放進徽章設計的元素。

3. 畫幾張草圖，這有助於你決定徽章最後的設計。

4. 用彩色筆或彩色鉛筆畫出全彩設計稿。

阿波羅八號任務徽章。圖片來源：
NASA, S68-51093

是，我們已經準備就緒，阿波羅 8 號將於 12 月發射，執行最先進的任務，也就是繞月飛行。」

這個消息一點也不令人意外。因為就在阿波羅 7 號從 34 號發射臺升空的前兩天，土星 5 號已經在 39 號發射臺亮相。每個人都看得到它，而土星 5 號的用途只有一個——離開地球軌道。

為了擺脫地球的重力，阿波羅 8 號的時速必須從 28,000 公里的軌道速度加速到 38,900 公里以上，也就是「逃逸速度」。由於月球以每小時 3,672 公里的速度繞行地球，所以發射目標是對準三天後月球在太空裡的位置。

月球距離地球 384,400 公里，如果阿波羅 8 號以每小時 38,900 公里的速度前進，為什麼還需要三天才能到達月球？不是只需要十個小時嗎？

其實，太空船的移動方式更像是雲霄飛車，而不是飛機。阿波羅 8 號一旦達到逃逸速度，就會以滑行方式在前往月球的路徑行進，這時，地球引力還是會繼續對它產生作用，一點一點減緩它的速度。這個情況就像是在爬升階段的雲霄飛車——剛開始是從底部快速爬升，但在逐漸接近頂點的過程中速度會一路減慢。

這次任務中很多環節都有可能出錯。例如：引擎可能出問題，因而無法達到逃逸速度；太空艙前進方向也可能出現誤差而墜毀在月球表面，或是錯過月球軌道而飛進幽暗的太空深處。

太空人的家人非常擔心。洛弗爾的妻子回憶道：「雖然我努力掩飾心中的恐懼，告訴自己不用害怕，但是對於身為妻子的我來說，這真的很不容易，尤其對我們的孩子來說也很不容易。」

波爾曼的妻子也是如此，儘管在媒體面前極力裝出一副勇敢的樣子，但是她坦承道：「我們都會說我們是多麼自豪、多麼有信心，可是一回到家、關起門來，內心卻是焦慮萬分。」

事實上，她在得知這項任務後，曾詢問克拉夫特：「嘿，拜託你告訴我實話，我會很感謝你的坦白。我真的、真的想要知道，你認為他們回來的機會有多大？」

克拉夫特則誠實回答道：「好吧，大概是一半一半吧！」

阿波羅任務的各個階段

每一次的阿波羅登月任務，都會經歷相同的基本階段。發射後，太空船會暫時停留在地球軌道。確認沒有問題後，太空人就啟動第三節引擎進行地月轉移。進入前往月球的路徑後，指揮與服務艙就會從第三節火箭分離，回頭與登月艙對接，這道程序稱為轉置與對接。指揮與服務艙會牽曳登月艙脫離第三節火箭，而連接後的太空船則進行地月滑行。

太空人到達月球後，操作指揮與服務艙的引擎，減慢太空船的速度，啟動進入月球軌道程序。進入月球軌道後，指揮與服務艙和登月艙就會分離，登月艙載著兩名太空人登陸月球，另一名太空人留在軌道上的指揮與服務艙裡。

返回地球時，登月艙要從月球表面發射升空，與指揮與服務艙進行月球軌道會合。這時，登月艙會一分為二，下半部有著陸墊的下降艙會被棄置，而太空人搭乘的是上半部的上升艙，升空與指揮與服務艙會合。在會合之後，登月艙的上升艙也會脫離（而且經常會故意朝月球撞擊）。

然後，太空人啟動指揮與服務艙的引擎，進行月地轉移。一如之前，它會一路滑行——月地滑行。就在到達地球之前，進行指揮與服務艙分離，分為容納太空人的指揮艙，以及引擎所在的服務艙。指揮艙會在快速穿越大氣層過程中燃燒，最終濺落在海面上，也就是進入大氣層與著陸。就是這麼簡單！

修改自作者收藏的《阿波羅後勤訓練手冊》（*Apollo Logistics Training Manual*，North American Aviation, 1965）。

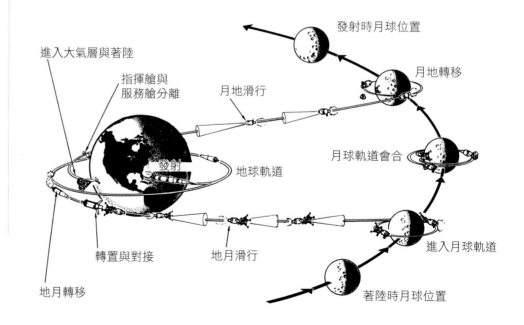

毅然決然的道別

發射前兩天，洛弗爾和妻子並肩站在沙灘上，一同凝視著夜空下打著聚光燈的土星5號。洛弗爾拿出一張月球表面的照片，指著寧靜海附近的一座三角形山峰，對妻子說：「我要用你的名字為那座山命名，它就叫瑪麗蓮山。」

幾年前，洛弗爾才在妻子的協助之下，完成他關於火箭旅行的大學學期論文，轉眼間，這件事如今就要成真。兩天後，她會和四個孩子在附近的沙丘上觀看火箭發射升空，並想像著丈夫興奮的心情，因為他畢生的夢想，終於能夠如願以償。

發射前一天的午餐時間，來了幾位意外的訪客，讓機組人員驚訝不已。他們是知名飛行家查爾斯·林白、他的妻子安妮·莫洛·林白，以及馮布朗。當時，已經六十六歲的林白告訴太空人們，戈達德曾經仔細計算過，一趟月球旅行可能得花1,000,000美元，大家聽到都笑了。波爾曼回憶道：「我們無話不談，大家聊到欲罷不能。」

那天晚上，在安德斯的家門前，有鄰居佇足為他的妻兒唱聖誕頌歌和美國國歌，提早慶祝聖誕節。他臨走時悄悄留下兩捲錄音帶給妻子，一捲在聖誕節播放，另一捲在他無法回來時播放。

波爾曼的妻子也為了觀看太空船發射而留在休士頓，這一晚她睡得很少。人在甘迺迪太空中心的波爾曼也遲遲無法入睡，大部分時間都躺在太空人宿舍的金屬床上，盯著天花板，沉默不語。

第二天一早，機組人員被帶到39號發射臺，太空船預計在上午7點51

阿波羅8號機組人員與模擬指揮艙合影（左至右）：吉姆·洛弗爾、比爾·安德斯和法蘭克·波爾曼。*照片來源：NASA, S68-50265*

分發射。林白夫人在《生活》（Life）雜誌裡寫到：

> 人們停止交談，站在各自的車子前，拿起雙筒望遠鏡。我們緊張的一下凝望著發射臺，一下低頭看看腕上的手錶。收音機裡亢奮到有些不自然的聲音，從車窗中傳了出來：「現在距離發射時間只有 30 分鐘。……15 分鐘。……6 分鐘。……還有 30 秒。……20。……倒數 15、14、13、12、11、10、9……發射！」
>
> 「啊──」群眾幾乎在同一時刻倒吸一口氣。……突然之間，噪音從距離我們 5 公里處一路翻騰席捲而來──震耳欲聾的爆炸聲隆隆，像是水碓在我們頭頂上、腳底下打樁，震動傳遍全身。大地一陣搖晃，汽車嘎滋作響，顫動陣陣直震胸口。一串長長、長長的雷聲。……放眼望去，到處都是鳥，一大群鴨子、蒼鷺和小鳥在噪音聲中從沼澤騰空飛起，牠們驚慌失措，往四面八方奔逸，彷彿是末日降臨。

回憶起當時阿波羅 8 號發射升空的景象，安德斯說：「起飛時，我們呈現被甩來甩去的狀態，我感覺自己彷彿是被巨大獵犬叼著的老鼠。」11 分又 30 秒後，阿波羅 8 號進入地球軌道。波爾曼轉頭看著菜鳥太空人安德斯，警告他：「我可不希望只看見你在瀏覽窗外風景哦！」是的，正式離開地球軌道之前，他們還有很多事情要做。

在地球另一端的蘇聯，在克里姆林宮參與太空計畫的官員列夫・卡馬寧在日記裡寫道：「對我們來說，這是黑暗的一天。我們難過的意識到，我們錯失了一個機會：今天飛向月球的人是波爾曼、洛弗爾和安德斯，而不是拜科夫斯基、波波維奇和里奧諾夫。」

月球有多遠？

一般人對於太空飛行相關的體積和距離很難有具體的概念。但是我們可以透過運動器材，簡單模擬地球和月球的大小和距離。

請準備：
- 籃球
- 網球
- 捲尺
- 繩子（非必要）

1. 拿起一顆籃球和一顆網球。如果地球的大小有如籃球，那麼月球的大小就大約像網球。在你的想像裡，與「地球」相比，「月亮」有這麼大嗎？或是更小？
2. 接著，我們來計算籃球和網球應該間隔多遠的距離，以精準布置你的地球與月球模型。月球與地球的距離大約是地球圓周長度的十倍（地球的圓周就是繞赤道一周的距離）。用捲尺量出「地球」（籃球）的周長。如果你的捲尺不能貼著球面彎曲，請先用一條繩子量出籃球周長，做好標記，再用尺量繩子的長度。
3. 把圓周長度乘以 10，這就是「地球」和「月球」之間的距離（答案在本頁末）。

4. 把「地球」放在地上，然後用捲尺測量應有的距離，並把「月球」擺好。怎麼樣？覺得意外嗎？

解答：

籃球圓周＝ 75 公分；兩顆球之間的距離＝ 750 公分＝ 7.5 公尺。

圖片來源：123RF.com, © Aaron Amat

圖片來源：123RF.com, © Sergii Telesh

爬升滑行

· · · · · · · · · · ·

阿波羅 8 號進入地球軌道兩個半小時後,任務控制中心准許太空人啟動第三節引擎。12 分鐘之後,洛弗爾按照原訂進度,按下「執行」鍵。

太空船開始隆隆作響,當它加速時,太空人猛然被一股力量壓制在座椅上。受過訓練的他們,眼睛始終緊盯著面前的控制儀表板,一切看起來都很好,引擎按照計畫燃燒了 318 秒。

蓋瑞・格里芬說:「控制中心安靜到連一根針掉下來的聲音都聽得到。引擎燃燒完成並準確無誤關閉的那一刻,所有人都彼此互望。雖然大家都沉默不語,但臉上的表情都傳達著同樣的訊息:『我們剛剛辦到了,我們要前進月球了!』」

執行地月轉移後,下一步是要脫離土星 5 號的第三節火箭。機組人員發射爆炸螺栓,讓它脫離指揮與服務艙,然後使用指揮與服務艙的推進器,離開現在已經沒有作用的第三節火箭。當時艙身猛然一震,讓機組人員全都嚇了一跳。

分離完成之後,機組人員把指揮與服務艙調轉方向。這時,他們終於透過窗戶看見地球。眼前所見讓他們深感震撼,這是人類首次用肉眼看見地球全景。隨著他們急馳而去,窗外的地球也愈變愈小,洛弗爾回憶道:「你得用力捏自己一下,好確認這不是一場夢。嘿,我們是真的要飛向月球了!」

任務的第一天,波爾曼就在設備艙嘔吐。洛弗爾看著一坨網球大小的嘔吐物自下方浮起,然後分成兩半,其中一半朝向洛弗爾飄去,洛弗爾閃到角

落，以免它像顆雞蛋般砸開並噴濺在他的連身衣上。

NASA 的醫師擔心波爾曼感染到當時正在美國蔓延的香港流感，或者是出現輻射病。格里芬後來坦承：「我們都不禁開始懷疑，關於登月，或許還有一些是我們所不了解的事。」但洛弗爾和安德斯都沒有症狀，所以醫師斷定，波爾曼可能罹患了動暈症。

幸好第二天，波爾曼已經恢復活力，還能擔任電視轉播的旁白。安德斯試著拍攝窗外的地球，可惜沒有成功，於是他把鏡頭轉向洛弗爾。

波爾曼說：「洛弗爾，你在做什麼呀？」鏡頭中的洛弗爾正把水注入裝滿粉末

用前臂感受 7G 力

在太空船升空的過程中，太空人會感受到一股因火箭加速而產生的力量。這種感受與你在搭乘一些遊樂設施時的感覺相同，只不過力道更強勁。他們會感覺身體的重量是在地球表面時的 7 倍。就連舉起手臂、按下按鈕這麼簡單的動作，也會變得異常困難，尤其是在劇烈晃動的太空艙裡。想像在 7G 力之下，你的前臂感覺有多重？（1G 力是你在地球上感覺到的力量。）下面這個活動將會告訴你。

請準備：
◆ 體重計
◆ 計算機
◆ 重物
◆ 枕套

1. 用體重計量你的體重。
2. 計算你的前臂和手的重量（從手肘到指尖的部位）。以多數人而言，這個部位的重量是體重的 2.1%。再把體重乘以 0.021，並把計算結果寫下來。
3. 把這個數字乘以 7，計算出前臂的 7G 重量，將結果寫下來。
4. 用體重計秤出等重的物品，例如 7G 重的書。
5. 將物品放入枕套。
6. 提起枕套。你能想像你的前臂這麼重嗎？嘗試在負重時移動手臂。

延伸活動：
計算你在太空船升空過程的總體重——將步驟 1 測量到的體重乘以 7。你能想像那會是什麼感覺嗎？

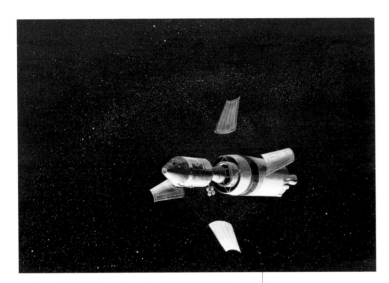

藝術家所描繪阿波羅 8 號指揮與服務艙與土星 5 號第三節分離的情況。圖片來源：NASA, S68-51306

的塑膠袋裡。波爾曼繼續介紹：「哦！他正在製作甜點。這是一袋巧克力布丁，你看它飄過來了。」在零重力環境下，洛弗爾必須不斷轉動袋子，才能混合水和布丁粉。

波爾曼繼續說：「轉播的此時此刻，我們大約是位在從地球到月球旅程的一半。我們至今已經飛行三十一個小時又二十分鐘。再過不到四十個小時，我們就會抵達月球。」鏡頭一轉，波爾曼說：「你看，這是安德斯的牙刷，他經常刷牙。」

在轉播結束前，洛弗爾對著鏡頭微笑說：「嗨，媽，生日快樂！」這位曾經鼓勵兒子追尋火箭夢想的女士，轉眼已經要過她的七十三歲生日了。

洛弗爾的媽媽告訴記者：「這真是令我難以忘懷。他們在太空裡有那麼多事要做，他卻依然記得今天是我的生日。」

進入月球軌道

飛行兩天又八個小時之後，阿波羅 8 號終於「登頂」，抵達距離地球 326,000 公里處——當位在太空中這個稱為「等引力帶」的位置，地球與月球的引力相等。這時，太空船已經減速到時速 3,540 公里，開始朝月球加速前進。在接下來的十二個小時裡，隨著月球引力的影響愈來愈大，它下降的速度將

會愈來愈快。

　　無線電傳來洛弗爾的聲音：「跟你們說件有趣的事，我們到現在還沒看見月球呢！」因為這時的太空船一直是朝後飛行，引擎指向月球。

　　太空艙通訊員傑瑞‧卡爾回答：「收到，阿波羅 8 號……你們目前還看見些什麼？」

　　安德斯說：「什麼都看不到，我們就像在潛水艇裡一樣。」

　　不久之後，太空船就會飛繞過月球背面，然後他們會啟動服務推進系統減速，滑入月球軌道。由於月球的阻隔，太空人必須暫時在無法與地球通訊的狀態下完成作業。

　　在無線電斷訊之前，卡爾對機組人員說：「各位，祝福你們一路平安。」

　　安德斯回答：「非常感謝大家。」身旁的洛弗爾又補上一句：「我們在另一頭見。」

　　卡爾說：「阿波羅 8 號，還有 10 秒鐘。請準備出發吧！」

　　波爾曼回覆：「收到。」之後，無線電就陷入一片靜默。

　　波爾曼對其他兩名機組員說：「大家都準備好了嗎？準備好，我們就出發囉！」阿波羅 8 號隨後進入月影。剎那之間，刺眼的太陽光芒消失不見，突然映入眼簾的，是數百萬顆璀璨的星星。

　　安德斯後來回憶道：「天哪，滿天都是星星……即使是光芒再黯淡的星星，也都如此耀眼奪目。不過，你可以看見一條清楚分明的分界線，有一圈地方一顆星星也沒有，只有一片漆黑，那裡就是月球。……我還清楚記得那種詭異的感覺，就像是你正快速衝向一個無比漆黑的隧道。」

藝術家描繪阿波羅 8 號在月球的另一面啟動服務推進系統的情景。圖片來源：NASA, S68-51302

這時在休士頓，安德斯的妻子靜靜等待著。她回憶道：「不知道為什麼，這些緊張時刻似乎總是出現在深夜。身為太空人妻子的我們，會在三更半夜帶著食物聚在一起，圍坐在播音系統旁，喝著茶和咖啡，等待著最新的消息傳來。」（在執行飛行任務之前，NASA 都會在每位太空人家安裝一套播音系統，讓家人可以收聽太空人和任務控制中心之間的通訊。）

時間一分一秒流逝。如果不能啟動服務推進系統，太空船就會在繞過月球背面後直直衝向地球。如果啟動時間超過 247 秒，太空船會因減速太多而墜毀在月球表面。如果啟動時間低於 247 秒，太空船會衝進幽深的太空之中，永遠無法回來。

在最後一次通訊的 34 分鐘後，卡爾開始呼叫太空船：「阿波羅 8 號，這裡是休士頓。完畢。」

一點動靜也沒有。

卡爾每 20 到 30 秒就重複一次通話，但連續五次都沒有得到回應。

最後，無線電那一頭終於傳來洛弗爾的聲音：「請繼續，休士頓。這是阿波羅 8 號，啟動完成。」阿波羅 8 號已經成功進入月球軌道！

聖誕節的訊息

阿波羅 8 號按照計畫在平安夜抵達月球軌道，接下來的任務是在 20 個小時內繞行月球軌道十圈。洛弗爾後來承認他們很容易分心，他說：「我們就

指揮與服務艙

阿波羅號的指揮與服務艙是一艘由兩個部分組成的太空船。第一個部分是錐形的指揮艙，是太空人從發射到濺落所在的地方。第二個部分是圓柱形的服務艙，裝載著指揮艙運作所需的物資，包括火箭燃料、電池、燃料電池、水，還有液態氧和液態氫槽。這些必需品是透過匯流排進行傳輸。

指揮艙高約 3.4 公尺，直徑約 4 公尺。它有五個觀測窗 —— 兩個在側面，兩個朝前，一個在主艙門。組員的座位是用金屬框架包覆著布料，看起來就像是折疊式躺椅。座位下方有一個較低的設備隔間，存放太空衣、食物、相機、醫療包和機組人員需要的其他物資。

指揮艙上方尖端是一個短短的對接通道，以及能與登月艙相連接的對接艙門（見第 112 頁）。指揮艙的底部是隔熱罩。

服務艙長 4 公尺，加上名為服務推進系統的主後置引擎，總長為 7 公尺。服務推進系統可以產生 20,500 磅的推進力，供指揮與服務艙進出月球軌道時使用。

服務艙外側是四個反應控制引擎，每個引擎都有四個推進器，可以藉此轉動並保持航向。後方則有一副大型的高增益天線，可以把資訊傳回地球。在飛行過程中，指揮與服務艙以被動熱控制模式旋轉（大家都稱它為「燒烤模式」）以防止任何一側變得過熱（攝氏 120 度，來自太陽）或過冷（攝氏零下 90 度，來自深太空）。

太空艙重返地球大氣層之前的 15 分鐘，指揮艙才會與服務艙脫離。在重返大氣層的過程中，脫離的服務艙會燃燒殆盡，而指揮艙則在六具反應控制引擎的導引下穿越大氣層。指揮艙抵達海拔 9 公里處時，會展開指揮艙尖端的兩副減速傘，減緩下降速度。到了海拔 3 公里處時，三副大型主降落傘會打開，讓指揮艙緩緩濺落海面。

對接艙門
艙外活動扶手
觀測窗
主艙門
指揮艙
反應控制引擎
匯流排
服務艙
高增益天線
服務推進系統

像糖果店櫥窗外的三個小學生。我們不時把飛航計畫拋到九霄雲外，鼻子緊貼著玻璃，癡癡望著眼前一個又一個的隕石坑。」

但是，他們畢竟不是來觀光度假的，還有許多工作要做。最重要的是，他們必須拍攝 NASA 預定的首次登月地點——寧靜海。

繞行到第七圈時，機組人員已經完成大部分任務，因此波爾曼命令洛弗爾和安德斯休息一下，而他自己會保持清醒，持續觀察太空船的狀況。

休士頓時間晚上 9 點 30 分，機組人員在繞行第九圈時做了 24 分鐘的電視轉播。這場轉播的觀眾大約是十億人，這意味著地球上每 4 個人就有 1 人在收看。

「這裡是阿波羅 8 號，在月球為你帶來的現場報導。」波爾曼用這句話作為開場，然後介紹他們在過去十六個小時裡做的事情。接著，他的話鋒一轉，用充滿哲學意味的句子引導觀眾思考：「對你而言，月亮是什麼？每個人的想法可能都不一樣。……在我自己的印象中，它是一個廣闊、孤獨又令人生畏的地方，或者說，月球是一片無垠的虛無，看起來有點像是遍地的火山石堆。它想必不是一個適合居住或工作的地方。」

然後他問：「洛弗爾，你覺得呢？」

洛弗爾說：「這個嘛，我的想法也差不多。月球上這一片廣大的孤寂讓人心生畏怯，它讓你想到你在地球上所擁有的一切。從這裡看地球，它像是浩瀚太空裡的一塊綠洲。」

波爾曼繼續探問：「安德斯，你的想法呢？」

安德斯回答：「最讓我感到驚嘆的是月球的日出和日落，這些時候特別

能突顯出月球地形的嚴峻本質。」

　　三位太空人指出隕石坑、山脈和寧靜海時，觀眾可以看見在太空艙窗口外掠過的月球表面景觀。

　　報導接近尾聲時，安德斯說：「月球的日出即將來臨，全體阿波羅 8 號機組人員有一則訊息，想要傳達給所有在地球上的你們。」

　　這則訊息是出自《聖經・創世紀》的經文：「起初，神創造天地。地是空虛混沌，淵面黑暗；神的靈運行在水面上。神說：『要有光』，就有了光。」

　　頓時，在地球的任務控制中心全都安靜下來。

　　傑利・博斯蒂克回憶道：「我從來沒有看過這個地方這麼安靜。這裡一片靜默，許多人眼眶裡都含著淚水。這是適合這個完美時刻所做的完美事情。」

　　洛弗爾繼續朗讀經文：「神稱光為『晝』，稱暗為『夜』。」沒錯，觀眾可以透過電視，在崎嶇的月表上，看見光與暗之間的界限。

安德斯說：「月球的另一邊，看起來就像孩子們玩了很久的沙堆，到處坑坑疤疤。」
照片來源：NASA, AS8-12-2192

　　波爾曼讀完後，補上一句：「最後，阿波羅 8 號機組人員要向你們道聲晚安，祝大家好運，聖誕快樂。願神保佑在美好的地球上的所有人。」

　　電視訊號結束。波爾曼的妻子與朋友們看完轉播，一起走到戶外，抬頭望著高掛在夜空中的一彎新月。雖然當時已經是深夜，洛弗爾的妻子還是帶著孩子們在附近散步，人行道兩旁滿滿都是聖誕燈飾。

地出

聖誕節前夕，阿波羅 8 號繞行月球第四圈時，太空人目睹了人類不曾見過的事物。波爾曼喊道：「哦，我的天啊！看看那裡的景象，那是地球在升起。哇！真是美麗極了！」安德斯對洛弗爾說：「把那捲彩色底片拿給我，快！」

他們看見的不是日出或月出，而是「地出」。從月球地平線升起的，正是我們居住的這個藍色星球。雖然這個畫面不在飛行計畫的任務之列（對於任務規畫人員來說，他們從來不覺得從月球拍攝地球照片是什麼重要的事），但安德斯迅速按下了相機快門。

直到太空人返回地球，NASA 洗出照片之後，大家才意識到他們用鏡頭捕捉到了什麼。

安德斯回憶道：「在我眼中，它就像聖誕樹上的裝飾品，出現在這個非常嚴峻、醜陋的月球景觀裡。我們千里迢迢前來探索月球，結果最重要的成果卻是發現了地球。」

攝影師嘉倫・羅威爾稱〈地出〉這張照片，是「有史以來最具影響力的環境照片」。接下來的幾個星期內，它登上各大雜誌和報紙的封面。1970年 4 月 22 日，它出現在第一幅世界地球日旗幟上，美國國會並在同年年底正式批准成立國家環境保護局。洛弗爾回憶道：「它讓我們意識到，我們居住在一個資源有限的家園，地球居民必須學會共同生活和工作。」

照片來源：NASA, 68-HC-870

這一年，是動盪頻傳的一年。在世人經歷越戰升溫、金恩博士與甘迺迪總統遇刺等事件後，來自阿波羅 8 號的訊息讓人們重新感受到溫暖與希望。

返航

阿波羅 8 號的機組人員沒有時間沉思，因為太空艙再繞行月球一圈後就要返航。

孩子們上床後，安德斯的妻子走到波爾曼家，和波爾曼的妻子坐在廚房裡的播音系統旁。和先前一樣，服務推進系統引擎會在月球的另一邊啟動（這次啟動時間會長達 203 秒），在這段時間中，太空船無法用無線電與任務控制中心聯繫。

無論是在太空人家中或任務控制中心，每個人都抱著忐忑不安的心情靜靜等待。當時間進入午夜，此時已經是聖誕節的清晨。

在無線電靜默 40 分鐘後，太空艙通訊員麥丁利開始呼叫太空船：「呼叫阿波羅 8 號，這裡是休士頓。」他重複呼叫四次。然後，任務控制中心的螢幕亮起，他們收到訊號了！

無線電傳來洛弗爾的聲音：「呼叫休士頓，這裡是阿波羅 8 號，完畢。」

麥丁利回答：「哈囉，阿波羅 8 號，通話品質清晰良好。」

洛弗爾說：「收到。請注意，前方有聖誕老人出現。」

麥丁利笑著說：「沒錯，你們是最有資格發現這件事的人。」

聽到服務推進系統引擎順利啟動，三名太空人的妻子終於可以安心的小睡一下。

　　不過她們已經沒多少時間可以休息，畢竟這是聖誕節的早晨。一位扮成聖誕老人的鄰居按了安德斯家的門鈴，為他們送來聖誕禮物，孩子興高采烈的開始拆禮物。

　　洛弗爾的妻子收到她的禮物時，正看著孩子們玩耍。禮物是用一個包覆藍色和銀色箔紙的大盒子裝著，上面有一架太空船和兩個保麗龍球，一個像地球，另一個像是月球，用一條線連接著。盒子裡有一張卡片，卡片上寫著「給瑪麗蓮，聖誕快樂」，署名則是「來自月球上的人」。盒子裡裝著一件貂皮大衣，雖然那天早上天氣很暖和，但她還是穿著它上教堂。

　　這時在阿波羅 8 號上，太空人打開食物櫃，裡頭有三個綁著紅綠色絲帶的包裹。裡面是火雞、餡料、蔓越莓蘋果醬，還有史雷頓送的三瓶小罐的白蘭地。不過他們遵照波爾曼的命令，沒有喝白蘭地。此外，還有他們家人送的小禮物——袖扣和領帶夾。

　　太空人返航時神采飛揚。他們不忙的時候，任務控制中心會透過無線電播聖誕歌曲，洛弗爾跟著旋律哼唱起來。他回憶道：「我一直想起凡爾納。當我還是個孩子的時候，我總是為他書中所描述的一切深深著迷。我作夢也沒有想到的是，有一天我也能夠身歷其境。」

回家

●●●●●●●●

詹姆士‧霍勒戴是泛美航空的飛行員。12 月 27 日，他在飛越太平洋時經過阿波羅 8 號的濺落區附近。日出前一個小時，他在天空發現一個暗紅色的點。當紅點轉為橙色時，他用廣播請乘客注意飛機左側。

回顧當時的畫面，霍勒戴說：「橙色逐漸轉為深黃色，拖著一條像是彗星般的明顯尾巴，這條尾巴一直留在空中，經久不散……尾巴的顏色由深紅轉粉紅，再轉為橙到黃，前方是熾白的光，那是太空艙。」然後，它就熄滅了。

在太空艙內，太空人就像搭著一部從來沒有人坐過的超高速雲霄飛車。他們以每小時將近 40,000 公里的速度進入大氣層，並在太空艙減速時，承受

美國空軍的一架巡邏機拍攝到的阿波羅 8 號重返地球大氣層的畫面。照片來源：NASA, S69-15592

將近 7G 的力量，整個身體被壓在座椅上。安德斯瞥見大片燃燒的隔熱罩從窗外掠過，太空艙一度旋轉，然後做一個「雙重彈跳」，接著再度直直往下掉。

在海拔大約 9 公里處，太空艙先打開減速傘，以減緩太空艙的墜落速度，接著打開的是三個主降落傘。波爾曼說：「當主傘打開時，太空艙就像被一個巨大拳頭擊中。」

他們終於濺落在海面，太空艙倒頭栽進 1.5 公尺高的海浪。水從通風口湧入，波爾曼溼透了。不過，接著直立袋開始充氣膨脹，讓太空艙再度翻正。

一架救援直升機在海面上空盤旋，天一亮就把潛水人員投進鯊魚遍布的水域。飛行員用無線電說：「嘿，阿波羅 8 號，月亮是用林堡起司做的嗎？」

安德斯回答：「不，是用美國起司做的！」

日出之後，直升機把太空人懸吊上來，飛往約克鎮號航空母艦。當三人踏上紅地毯時，所有水手為他們歡呼喝采。接著，他們進入艦艙接受醫師的檢查。

為了慶賀阿波羅 8 號成功返回地球，來自世界各國的電報紛紛湧入。其中一封來自十名蘇聯太空人，他們稱讚機組人員展現出「合作的精準度以及勇氣」。同時，詹森總統收到蘇聯最高蘇維埃主席團主席尼古拉·波德戈爾內親筆簽名的訊息：「總統先生，請接受我們的祝賀，恭喜阿波羅 8 號太空船繞月航行圓滿成功。」

至於波爾曼最喜歡的是一封匿名電報：「給阿波羅 8 號的機組人員。謝謝你們，1968 年因為你們而變得美好。」

阿波羅 9 號

....

即使阿波羅 8 號成功完成任務，NASA 在登陸月球之前還有很多功課要做。不僅登月艙還不曾載人飛行，太空人也還不曾在模擬器之外，真正執行指揮與服務艙及登月艙的對接，登月太空衣的可攜式維生背包更是完全沒有在太空中使用過。

為了讓測試更容易，阿波羅 9 號會留在地球軌道，如果組員遇到問題，可以迅速返航。然而，他們不能直接駕駛登月艙返回地球。登月艙設計的目的是登陸月球，因此沒有隔熱罩。如果登月艙裡的太空人遇到問題，他們需要先回到指揮與服務艙，然後才能返航。

阿波羅 9 號的指揮官是麥克迪維特，指揮與服務艙駕駛員是史考特，兩人都曾在雙子星時期出過飛行任務。還不曾上過太空的施威卡特則被任命為登月艙駕駛員。這個團隊已經在一起訓練將近三年。他們是阿波羅 1 號的後備機組人員，自從事故發生以來，就一直在為這次飛行做準備。

為此，施威卡特興奮極了！他說：「任何新飛行器的首航，都是試飛員所夢寐以求。」他和麥克迪維特過去

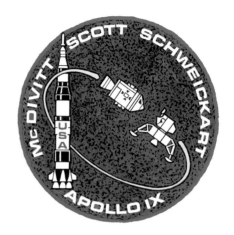

阿波羅 9 號紀念徽章。圖片來源：NASA, S69-18569

阿波羅 9 號的機組人員由左至右分別是：吉姆·麥克迪維特、大衛·史考特和羅斯帝·施威卡特。照片來源：NASA, S68-56621

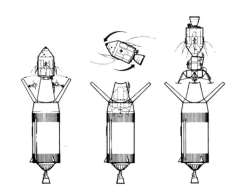

轉置、對接與牽曳。修改自作者收藏的《阿波羅後勤訓練手冊》（*Apollo Logistics Training Manual*，North American Aviation, 1965）。

試飛新型實驗機時總是感到游刃有餘，因為那些飛機堅固、穩定且力量強大。但登月艙可不一樣，它必須很輕巧，所以艙壁很薄、腳架很細。他們第一次看見它時，都嚇了一跳。

麥克迪維特回憶起當時情景時，說道：「我們兩個人面面相覷，異口同聲的說『我的老天爺！我們真的要搭乘這樣的東西嗎？它就像是把玻璃紙、錫箔紙用釘書機和膠帶拼湊起來的！』」機組人員把登月艙取名為「蜘蛛」，指揮與服務艙則叫做「軟糖」。

1969 年 3 月 3 日，阿波羅 9 號發射升空。升空時，登月艙在指揮與服務艙後方。進入軌道後，指揮與服務艙會與第三節火箭分離，然後掉轉回頭，艙頭朝前，與登月艙對接，然後帶著登月艙一起脫離第三節火箭。NASA 把這個程序稱為「轉置、對接與牽曳」。接下來，第三節火箭會點燃引擎，回落到大氣層，並在過程中燃燒。在這次飛行中，一切都得按照計畫進行。

太空病

任務的第三天，施威卡特感到身體不適。當他正要套上太空衣時，突然吐了出來。幸好他當時沒有戴上頭盔。

他後來解釋說：「如果你穿著太空衣，在失重狀態下嘔吐，你就死定了。事實就是這麼簡單，因為你沒辦法把黏稠的嘔吐物從嘴裡清掉。它不會掉進太空衣，而是會一直飄浮在那裡，導致你無法把它從你的鼻子或嘴巴清除，

好讓自己可以繼續呼吸。」

施威卡特穿上太空衣進入登月艙。指揮官麥克迪維特把任何需要戴上頭盔才能做的事情都往後延，他希望施威卡特的「太空病」能在第二天的艙外活動之前消退。

到了晚上，施威卡特的病況並沒有好轉。「我們真的要中止任務嗎？難道要因為我嘔吐，而白白浪費這次任務嗎？」他試著讓自己入睡，但這些問題不斷在他的腦海裡盤旋。他後來承認：「那大概是我一生中最低潮的時刻。當時，我真的很擔心甘迺迪總統在 1960 年代結束前發下成功登月的挑戰，有可能就這樣斷送在我手上。」幸好，到了隔天早上，施威卡特已經好多了。

阿波羅 9 號第一次艙外活動的目標，是在減壓狀態下測試登

登月艙有多薄？

「我不知道你是否見過用紙巾做的太空船，但是這個東西看起來確實就是這個樣子。」麥克迪維特第一次看見登月艇後這麼說道。確實如此，登月艙的鋁製艙壁有些地方的厚度薄到只有 0.127 毫米。在下面這個活動中，你將親眼見證它究竟有多薄。

請準備：

◆ 空罐
◆ 鋁箔紙
◆ 強力橡皮筋
◆ 鉛筆或筆

1. 撕下能夠完整覆蓋住罐口的鋁箔紙。鋁箔紙的厚度可能不盡相同，如果你用的是加厚型鋁箔紙，請撕下五張；

如果你用的是普通鋁箔紙，請撕下八張。

2. 用一張鋁箔紙蓋住罐口，並緊包住罐頸處。重複前述步驟，直到你把每一張鋁箔紙都覆蓋住罐口。

3. 在罐頸處纏一條強力橡皮筋，以固定鋁箔紙。

4. 用手指輕敲箔紙。它破了嗎？再多用一點力。如果你和太空之間只隔著這樣一層鋁箔，你覺得安全嗎？

5. 現在，試著用鉛筆或原子筆在鋁箔紙上戳一個洞。會很困難嗎？（登月艙施工期間，曾有一名技術人員失手掉落一把螺絲起子，結果刺穿了登月艙壁。）

3月6日，大衛‧史考特站在與阿波羅9號「軟糖」（指揮與服務艙）的艙口，前方是已完成對接的「蜘蛛」（登月艙）。照片來源：*NASA, AS9-20-3064*

月艙以及登月太空衣。雙子星進行艙外活動時，太空人與太空船之間有連接線；但阿波羅的登月服有一套名為「可攜式維生系統」的背包，讓機組人員可以在月球表面四處走動，不會被連接登月艇的線路所纏繞。

另一個艙外活動目標，是要確認太空人能否順利在艙外，從登月艙移動到指揮與服務艙。在測試過程中，施威卡特要離開登月艙，只用一根長7.6公尺的尼龍繩與艙體連接，然後爬進指揮與服務艙艙口。麥克迪維特擔心這個動作可能會讓施威卡特再次感到不適，因此決定讓史考特和施威卡特分別站在兩個敞開的艙口互相拍照即可。

在艙外活動中途，史考特的相機出了問題。麥克迪維特說：「好，史考特，給你5分鐘解決問題。施威卡特，你就待在那裡，哪裡都別去。」

這真是多麼難得的機會啊！現在暫時沒有任務要執行，只要悠閒的待在那裡欣賞風景。施威卡特鬆開一隻手，轉身看著地球轉動。他想著：「我現在的職責是當一個人，就只是當一個人。」

起初，施威卡特想要辨識出熟悉的地標，像是羅馬、希臘、北非等等。但不久之後，他開始做起白日夢，認真思考著：「我是誰？我怎麼會來到這裡？是的，我在這裡是因為我很幸運。……我出生在對的時間，就讀對的學校，一切都是因緣際會。」

晚年，他體認到自己正在見證人類的進化。他說：「因為太空計畫，我們造訪其他星球。那是截然不同的世界，有著不同的大氣層，不同的重力或

無重力狀態。如果人類失去地球，讓孩子被迫必須在無重力狀態下誕生，誰知道會發生什麼事？」施威卡特清楚知道，他有義務與其他人類分享他所經歷的一切。

自由放飛
• • • • • • • • • • •

3 月 7 日是測試登月艙「蜘蛛」的時間。麥克迪維特和施威卡特爬過對接通道，進入登月艙。隨著艙口封閉，登月艙與指揮與服務艙脫離，並慢慢後退。

兩艘太空艙一起飛行大約一個小時，而機組人員在這段時間一而再、再而三的檢查「蜘蛛」的系統。史考特在登月艙旋轉時觀察，注意是否有損壞或任何怪異之處。如果有問題，他們可以重新對接。麥克迪維特和施威卡特一旦確信登月艙沒有問題，就啟動它的下降引擎（它是未來登月任務中，用來引導登月艙降落月球表面的引擎），並離開指揮與服務艙。

在六個半小時的飛行時間中，「蜘蛛」飛離「軟糖」遠達 180 公里。到了飛行航程大約一半時，太空人將登月艙的上升艙自下降艙脫離，模擬從月球升空的狀態。

麥克迪維特和施威卡特預期這個程序的噪音會很大。施威卡特回憶道：「我們覺得到時候可能會聽不到對方的聲音。……我們事先訂出一大堆手勢，

1969 年 3 月 7 日，「蜘蛛」繞行地球，這是登月艙的第一次單飛之旅。*照片來源：NASA, AS9-21-3212*

好讓我們能在問題出現時溝通。然而當我們倒數計時：『3、2、1，點火』，啟動上升引擎，卻沒有聽到任何噪音，完全沒有。麥克迪維特和我愣住了，心想：『這是怎麼一回事？』……我們必須看儀表板才能知道我們在加速、才能確定引擎有在運作，它根本沒有發出任何噪音。」

麥克迪維特使用「蜘蛛」的上升引擎返回「軟糖」。當登月艙接近指揮與服務艙時，史考特用無線電說：「你是我見過最大隻、最友善、最有趣的蜘蛛。」

完成對接之後，阿波羅9號又在軌道上停留五天，測試太空船的追蹤和導航系統。3月13日，任務結束。太空艙在波多黎各東北300公里的海面濺落，由瓜達卡納爾號航空母艦回收。

施威卡特因為出現太空病，返回地球後成為研究測試的對象。他說：「我當時的部分工作是幫助 NASA 盡可能了解動暈症。我感覺自己就像是隻天竺鼠，讓人們用針、探針或之類的東西在我身上測試。」

正式登月前的最後彩排

論經驗，阿波羅號各次任務的機組人員之中，沒有人比得上阿波羅10號的三名太空人——指揮官史塔福以及指揮與服務艙駕駛員楊恩，都曾經出過兩次太空飛行任務；登月艙駕駛員瑟爾南也曾執行過一次雙子星任務。

阿波羅10號將挑戰前所未有的創舉，在月球軌道上測試指揮與服務艙和

阿波羅 10 號任務徽章。*圖片來源：NASA, S69-31959*

登月艙，而且他們在那裡時，大部分時間都無法與任務控制中心聯繫。就像史塔福說的：「在那裡有太多未知數，我們的工作就是要盡可能消除未知數。做到這一點的唯一方法，就是讓太空船降到離月球 15 公里或更近的地方作業，看看它在月球附近的表現如何。」阿波羅 10 號正是 NASA 登月前的最後彩排。

1969 年 5 月 18 日，阿波羅 10 號從 39B 發射臺升空。土星 5 號這次產生的震動，比機組人員之前在雙子星任務時所感受到的還要猛烈。火箭的第二節點火時，他們看見太空艙外有一團巨大的火球。

瑟爾南問任務控制中心：「你確定這一節火箭沒有毀了史努比嗎？」（阿波羅 10 號機組人員把登月艙和指揮與服務艙分別叫做「史努比」和「查理布朗」）

擔任太空艙通訊員的查理・杜克在無線電裡回覆：「沒有，我認為史努比還好好的，你們看起來一切正常。」

繞行軌道一圈半之後，史塔福啟動第三節引擎前往月球。當時阿波羅 10 號正位於澳洲上空，雪梨市民看見天上出現一道明亮的綠光，劃破幽深夜空揚長而去。

指揮官史塔福說：「我們上路了。」但是，隨著速度增加，太空船開始發出尖銳和低沉的聲音。沒多久，太空船開始劇烈搖晃，讓他們幾乎看不清楚儀表板。

阿波羅 10 號的機組人員（由左至右）：金恩・瑟爾南、約翰・楊恩和湯姆・史塔福。*照片來源：NASA, S68-42906*

登月艙

阿波羅的登月艙是一項工程奇蹟。與指揮與服務艙一樣，登月艙有兩個主要部分。下半部的下降艙裝有一具5噸的下降引擎。這是一種可變式推進引擎，也就是啟動力道可以根據需要調整強弱。下降艙連四支腳架在內，總高度為 3.2 公尺。每個著陸墊都懸掛著 1.5 公尺長的探觸器，在登月艙到達月表時發出信號。實驗設備、工具以及月球車（在後來的飛航任務中使用）都存放在下降艙裡。它的包覆材料是金色的聚酯薄膜「麥拉」（Mylar），以反射熾烈的太陽光。

乘載太空人的是登月艙的上半部分，也就是高 3.7 公尺的上升艙。太空船的電腦、儀器、天線和維生系統都在這裡。要在太空裡移動時，機組人員會啟動位於機艙周圍的四個推進器，稱為 RCS 引擎。太空人是站著駕駛登月艙——它沒有座位。

登月艙是脆弱的載具。艙壁和三扇觀測窗都非常薄，機艙加壓時甚至還會鼓起。在地球上時，登月艙如果裝滿燃料，腳架會因為過重而塌陷，不過在月球表面上時，由於重量只有六分之一，所以還能支撐。

登陸月球後，太空人會背朝外通過方形的主艙門，來到稱為「前庭」平臺，再順著梯子到達地面。（頂部還有一個圓形的對接艙門，在對接時於登月艙與指揮與服務艙之間移動。）等到要離開月球時，上升艙與下降艙會分離，啟動上升引擎向上推進。

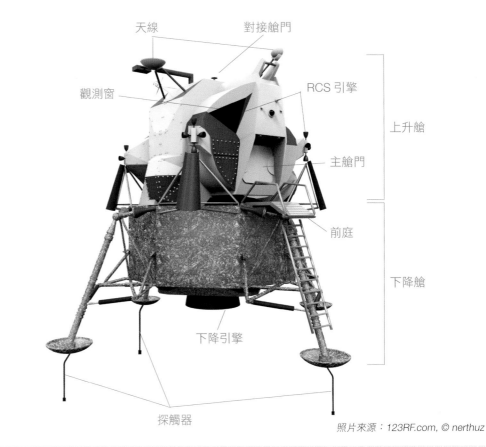

天線　　　　對接艙門
觀測窗
RCS 引擎
上升艙
主艙門
前庭
下降艙
下降引擎
探觸器

照片來源：123RF.com, © nerthuz

史塔福用平順的奧克拉荷馬口音報告：「好，船艙內出現一些高頻率的顫震。一切沒什麼好擔心的。」他戴著手套的手緊握著中止桿，心中想的是：「絕對不可以失敗，我們已經走到這一步了——如果失敗，一切就完了。」6分鐘後，引擎按照計畫關閉，一切都照著原訂計畫進行。

阿波羅10號正在前往月球的途中。觀眾在電視上看見指揮與服務艙從第三節火箭脫離、轉置、牽曳登月艙，然後離開，而且整個轉播過程都是彩色畫面。「史努比」的牽曳一完成，轉播也隨之結束。

後來，當史塔福回憶起這段經歷，他說：「我們直到這時才有機會喘口氣，回頭看看那顆有藍有白、如籃球般大小的地球，在我們眼前愈縮愈小。在我幾次的太空航行中，這是第一次、也是唯一一次，讓我萌生這種奇怪的感覺——從奧克拉荷馬州梅依市附近那座農場的風車到這裡，是一段多麼遙遠的路程。」

「親愛的，我們很接近了！」

在朝月球滑行時，瑟爾南打開通往登月艙的通道，發現它的絕緣層已經解體。到處都飄浮著白色玻璃纖維的碎屑。機組人員擔心它們可能會堵塞太空船的通風口，於是用小型真空吸塵器追著它們跑，把它們吸走。

5月21日，阿波羅10號到達月球。在月球的另一邊附近，他們點燃指揮與服務艙的引擎，並進入軌道。楊恩開玩笑說：「嗯……現在既然來了，

我們要做什麼？」

瑟爾南回憶當時的畫面時說道：「我們就像三隻關在籠子裡的猴子，爭先恐後的跑到窗戶前，仔細端詳這個在我們下方轉動的灰色龐然大物。」

阿波羅 10 號繞行月球九圈時，他們先拍照並檢查太空船的系統，然後史塔福和瑟爾南關閉登月艙的艙門，準備脫離指揮與服務艙。

瑟爾南告訴楊恩：「親愛的，我們不在的時候，祝你玩得開心。」

史塔福補上一句：「約翰，一個人的時候不要覺得寂寞。」

楊恩才不會為了這個煩惱。他終於有一個可以活動的空間。他說：「當你一個人待在太空艙裡，絕對感覺不到它真正的大小。」

當史塔福啟動「史努比」的下降引擎，登月艙開始向月球降落。太空船在寧靜海上空到達最低點——約 14.3 公里。寧靜海是阿波羅 11 號希望降落的理想地點。

史塔福在第一次通過寧靜海時說：「這裡的巨石足夠填滿加爾維斯頓灣了。……月球表面看起來其實非常光滑，除了大隕石坑之外，就像一塊非常潮濕但光滑的黏土。」

瑟爾南聽起來更興奮，他透過無線電說：「我們就在那裡！我們就在它的上方。我告訴你，我們飛得很低。我們非常接近，親愛的，我們很接近了！」

「史努比」在月球上空飛行將近八個小時，拍攝數百張詳細的照片。接下來，該是回到「查理布朗」身邊的時候了。史塔福坦承說道：「我真希望我們能留下來。」

「史努比」返回「查理布朗」身邊之前，史塔福必須釋出登月艙的下半

部（下降艙），並啟動上升引擎。然而當他執行這個程序時，著陸器開始失控。

史塔福喊道：「我們有麻煩了！」他取消電腦自動控制，改由人工操作，並按下釋放下降落艙的開關。這麼做有幫助，但是「史努比」在史塔福穩住它之前翻滾了八次，剛好來得及啟動上升引擎。

這時，史塔福平靜的回報狀況：「發生了一些瘋狂的事情，不過我們都解決了！」

在這場試煉的煎熬過程中，任務控制中心從頭到尾只能不知所措的聽著，數百萬名電視觀眾也是如此。後來，經過 NASA 的確認，原因是有一個開關的位置錯誤——這是一項人為疏失。

兩個小時後，登月艙和指揮與服務艙在經過月球後方時會合。當它們再次會合時，史塔福宣布：「史努比和查理布朗正在互相擁抱。」

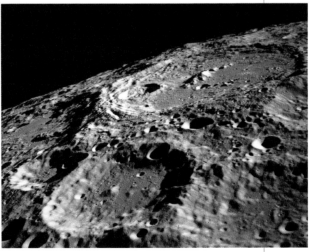

（左）阿波羅 10 號的吉祥物——查理布朗和史努比。攝於任務控制中心。*照片來源：NASA, S69-34314*

（右）阿波羅 10 號所拍攝的月球表面照片。*照片來源：NASA, AS10-32-4823*

藝術家描繪「史努比」啟動降落引擎的畫面。

圖片來源：NASA, S69-33765

「我知道我們能上月球！」

「查理布朗」繼續繞著月球飛行拍照一天。機組人員還研究了月球的質量濃度——它是造成月球重力不均的原因。這些巨大金屬隕石的沉重殘餘物會改變軌道上太空船的高度，有時差距多達 3.2 公里，因而增加會合和導航的難度。

阿波羅 10 號在繞行三十一圈之後準備返航。進入地月轉移程序一個小時後，瑟爾南告訴電視觀眾：「大家經常聽到那首關於月球上的人的童謠。我們在這兒一個人也沒有看見……但我們希望不久的將來，月球上很快會有兩個太空人。」

1969 年 5 月 26 日，「查理布朗」在薩摩亞群島的帕果帕果附近濺落。不久後，機組人員步下直升機，受到艦艇人員熱烈的鼓掌歡迎。瑟爾南接受訪問時說：「在零重力環境下度過幾天之後，我們顯得步履蹣跚，在航空母艦甲板上的每一步，都是一次小小的冒險。」

濺落一個小時後，NASA 署長潘恩對記者發表談話：「八年前的昨天，美國做了一個決定，要在 1960 年代結束之前，讓人類登陸月球並安全返回地球。今天，就在這一刻，當阿波羅 10 號機組人員安全登上普林斯頓號航空母艦時，我們知道，我們真的能夠登月。我們要去月球！史塔福、楊恩和瑟爾南給了我們決定性的信心，可以跨出這大膽的一步。」

休士頓的飛行控制人員已經在控制中心掛起標示——距離發射倒數五十

一天。在甘迺迪太空中心，阿波羅 11 號已經在 39A 發射臺上準備就緒。就在阿波羅 10 號前往月球的途中，下一趟太空冒險旅程蓄勢待發。

1969 年 5 月 22 日，從「史努比」上拍攝到的「查理布朗」。圖片來源：NASA, AS10-27-3873

1969 年 7 月 16 日，
阿波羅 11 號發射升空的
觀禮者：前總統林登・詹森
（中間著深色西裝者），以及
當時的副總統史畢羅・阿格紐
（右側著淺色西裝者）。照片來源：
NASA, 107-KSC-69PC-379

老鷹號著陸了

19⁶⁹ 年 7 月 10 日晚上 8 點，阿波羅 11 號的發射升空進入倒數階段，距離任務日只剩下六天。工作人員忙著為土星 5 號和阿波羅太空船進行發射準備與檢查工作，觀眾也開始陸續抵達佛羅里達。

　　在 NASA 工作的傑奈瓦・巴恩斯回憶道：「離發射日還有一個星期時，可可海灘上的人潮就已經開始聚集。發射日的前一晚，很多人甚至找不到可以投宿的旅館房間，只好窩在旅館大廳的長椅，有些人則直接睡在車上或海灘上。當地汽車旅館和餐廳都掛出布條，上面寫著：『阿波羅 11 號，祝好運。』」

　　卡納維爾角周圍估計湧入上百萬名觀眾，其中有兩萬名是特別來賓，包括前總統詹森、數百名參眾兩院議員、其他政治人物，還有三千五百名來自世界各地的記者。

除此之外，更有五十億觀眾守在電視前，準備親眼見證這歷史性的一刻。唯一沒有人滿為患的地方，只有 39A 發射臺。之前，這裡隨時都有許多工作人員忙進忙出，但當機組人員抵達現場時，觸目所及卻是一片空曠與寧靜，這實在讓柯林斯感到有些訝異。

第一個登上太空艙的是指揮官阿姆斯壯，接下來是柯林斯。等在後頭的艾德林則將視線投向遠方。他後來寫道：「放眼望去，海灘和高速公路上滿滿都是人和車。蔚藍的海洋上，滾滾浪花席捲而來，彷彿急著參加這場盛宴。往下方看，可以看見高聳、龐然的土星 5 號火箭；往上方看，可以看見精密嚴整的阿波羅太空艙。我品味著這等待的時刻，並希望永遠留存在我腦海中。」

「就是你們了！」

時間拉回 1969 年 1 月 6 日。當時，史雷頓請阿姆斯壯、艾德林和柯林斯到他的辦公室。史雷頓把門關上，然後說：「三位，就是你們了！」他們獲選為阿波羅 11 號的機組人員，任務是登陸月球。三人起身與史雷頓握手，在一語未發之中，接受了這項重要的任務。

那天下午，艾德林的妻子開著他們家的旅行車去接他下班。家裡的洗衣機壞了，車子後座放著一大籃髒衣服。在前往洗衣店的路上，艾德林告訴她這個消息。

艾德林的妻子在當天的日記裡寫道：「今天早上，艾德林進辦公室時還沒有任務在身，晚上回到家卻成了阿波羅 11 號的登月艙駕駛員，將要執行人類首次登月任務。這真的發生了，我很害怕。」艾德林的新任務讓妻子萬分焦慮，甚至焦慮到蕁麻疹發作。身為太空人妻子的心情與心聲，只能忠實的記錄在她的日記裡：「我多麼希望艾德林是木匠、卡車司機或是科學家。只要不是他現在做的工作，做什麼都好。」

阿姆斯壯、艾德林和柯林斯三人是阿波羅 11 號的完美團隊──他們冷靜、聰明，而且經驗豐富。不過，他們的互動更像是同事，而不是好朋友。到發射臺做測試時，他們各自開自己的車前來；吃午飯時，他們也各自用餐。

NASA 建議機組人員為太空船挑選一個比「史努比」或「軟糖」更為莊重的名字。他們最終共同決定，把太空船取名為「哥倫比亞」（這是早期人們對於美洲這個「新世界」的稱呼），而登月艙的名字則被命名為「老鷹」。

阿波羅 11 號的機組人員。由左到右分別是：尼爾·阿姆斯壯、麥可·柯林斯和巴茲·艾德林。照片來源：NASA, S69-31739

發射日
· · · · · · · · · ·

在阿波羅 11 號發射前一個月，機組人員進駐卡納維爾角。在每次的太空任務中，都可能出現很多意外狀況，機組人員必須學會如何妥善處理。然而這時，有些人質疑他們能否按照計畫及時完成訓練，甚至開始討論是否應該延後發射。

然而，他們並沒有太多時間，NASA 只剩下幾個月可以達成甘迺迪總統設下的挑戰。而蘇聯呢？他們正急著不斷發射 N-1 運載火箭。

N-1 是一種威力強大、能夠把太空人送上月球的運載火箭，也就是俄羅斯版的土星 5 號。它在 1969 年 2 月 21 日進行第一次發射，但就在發射後 60 幾秒時，第一節火箭的兩個引擎意外關閉。緊接著，30 部引擎全數關閉，幾秒後火箭在空中爆炸。

第二具 N-1 在 7 月 3 日發射，比阿波羅 11 號早了兩個星期。這具無人駕駛的火箭在晚上 11 點發射，可是只升空 100 多公尺就落下爆炸，化為一顆巨大的紫色火球，燃燒的部件和熔化的金屬如雨點般落在拜科努爾太空發射場，使得場地設備嚴重損壞。這兩次發射運載火箭失敗，讓俄羅斯在登月競賽擊敗美國的希望就此破滅。

距離阿波羅 11 號的發射日愈來愈近了。某天，太空人的護理師迪・奧哈拉和阿姆斯壯閒聊，她說：「你不會相信這裡聚集了多少人，連堤道上都塞得滿滿的。他們已經在那裡待了整整一個星期！」

阿姆斯壯笑著說：「哦，是啊！我想大家有些大驚小怪。」

奧哈拉大吃一驚，說道：「阿姆斯壯，你知道你在說什麼嗎？」

阿姆斯壯回答：「沒錯啊，這件事又沒什麼了不起。」

奧哈拉說：「好吧，對你來說也許是如此。但對我們其他人來說，這絕對是件驚天動地的大事。」

發射日前一天，太空人們在發射臺南邊的海灘小屋中，度過他們在地球上的最後一天。艾德林還用金屬探測器在沙子裡尋找硬幣和其他寶物。

7 月 16 日，發射日終於來。機組人員吃完早餐，完成簡單的體檢，接著穿上太空衣。他們的口袋裡裝著鉛筆、手電筒、手帕和工具。阿姆斯壯還藏了一把梳子和一小包糖果。

經過 20 分鐘的車程，他們搭乘電梯來到發射臺頂端。阿姆斯壯把一張紙遞給負責發射臺營運的溫

Google 月球

你知道嗎？ Google 不只有地球地圖，還有月球地圖，而且也記錄了阿波羅號六次登月行動，資料的詳細程度和你居住的街區差不了多少。

首先，我們需要在電腦上搜尋並安裝「Google 地球專業版」（Google Earth Pro），才能使用 Google 提供的進階地圖功能。進入軟體後，點選上方圖形工具列上的星球圖案，選擇「月球」。接著，在左下方「圖層」欄位中，點選「Apollo Missons」前方的小箭頭，就能展開六次登月任務。點選「Apollo 11」，就可以看見阿波羅 11 號的基本資料，以及太空人在月球上進行的重要活動，包括：太空人豎立國旗、進行科學實驗、拍攝重要照片等等的位置。點選活動標籤，就會出現該地點相關事件的簡述。當你讀到太空人的月球艙外活動相關內容時，可以找一下與該艙外活動相關的標籤。

當你讀到本書中歷次阿波羅任務時，都可以參考這個軟體。它能幫助你更了解太空人如何探索月球。

特——那是一張「太空計程車票」，上頭寫著：「在任何兩顆行星之間有效」。接著機組人員登上太空艙就位，技術人員退場離開。

上午 9 點 32 分，阿波羅 11 號在引擎點燃下一飛衝天。播報人員傑克·金大聲說道：「起飛升空！整點過後 32 分鐘，我們起飛升空。阿波羅 11 號起飛升空！」他的聲音因為激動而變得沙啞。隨著火箭穿過雲層消失在遠處，卡納維爾角成千上萬的觀眾都流下了眼淚。身在人群中的科幻小家亞瑟·克拉克也感動到熱淚盈眶，他說：「這是舊世界的最後一天。」

1969 年 7 月 16 日，阿波羅 11 號前往月球。
照片來源：NASA, 69PC-0421

登月時刻

艾德林的妻子本來打算在先生飛向月球時幫家裡大掃除，這樣她才不會一直對這件事牽腸掛肚。但事實上，她還是每天守在 NASA 安裝在家裡的接收設備旁，隨時關注丈夫與任務中心的對話。數十名記者在她家門外徘徊，迫使她外出時，必須躺在朋友的汽車後座、蓋上毯子才能順利「偷渡」出門。

從地球飛往月球的頭三天，沒有任何異常事件發生。7 月 19 日，太空船進入月球軌道，機組人員開始為隔天這個重大的登月日做好準備。

1969 年 7 月 20 日，尼克森總統宣布這天是「全國參與日」。當天是星期日，大多數美國人那一天不用工作，但他仍鼓勵所有老

閭讓原本需要工作的員工休假一天，待在家裡看登月轉播。

在休士頓，克蘭茲特地理了一個平頭，穿上妻子縫製的白色新背心，展開這重要的一天。他照例先進自己的辦公室聽幾首蘇薩著名的進行曲，然後到任務中心聽取團隊的換班報告。

三位太空人吃過早餐之後，穿上全副登月太空衣。阿姆斯壯和艾德林開始對登月艙做最後的檢查，柯林斯則封閉兩艘太空船之間的通道。

在繞行月球軌道第 13 圈時，登月艙脫離指揮艙。兩艘太空艙一起飛行一陣子。坐在指揮艙裡的柯林斯看著慢慢旋轉的登月艙，檢視登月艙是否有任何損壞。他說：「老鷹號，雖然你上下顛倒，但我認為你看起來美極了。」

阿姆斯壯笑著回答：「說不定上下顛倒的是你呢。」

柯林斯說：「你們保重。」

「待會兒見。」在阿姆斯壯用無線電說出這句話後，登月艙開始緩緩飛離指揮艙。

任務控制中心准許阿姆斯壯下降到 15,000 公尺。登月艙將最後一次通過月球背面，並且愈飛愈低，等到它回到月球正面，就是著陸的時候了。

由於老鷹號暫時離開無線電通訊的範圍，克蘭茲下令任務控制中心休息 5 分鐘，所有人都趕緊往廁所跑。等控制中心人員都回來後，克蘭茲告訴團隊：「今天是我們的大日子，全世界的希望與夢想都在我們身上。在接下來的一個小時內，我們要做的是過去從來沒有人做過的事。……風險很高，但這就是我們工作的本質。你們是一支非常優秀的團隊，我很榮幸能夠領導這個團隊。無論接下來會發生什麼情況，你們所做的每一件事，都有我在背後大力

阿波羅 11 號任務徽章。圖片來源：*NASA, S69-34875*

支持你們。」

　　隨後，克蘭茲下令鎖上控制室的門，直到老鷹號安全降落月球表面，或是取消登陸行動，或是不幸墜毀，任何人都不得進出。每個人都屏氣凝神的等待著。

老鷹號著陸！

　　登月艙才剛重新出現在雷達上，立刻又消失無蹤。無線電通訊斷斷續續，任務控制中心全員繃緊神經，因為他們必須決定登陸是否可行。

　　接下來，老鷹號傳來大量數據。克蘭茲徵詢團隊的意見：「是否進行PDI？」PDI代表「啟動動力下降」，是著陸月球前的最後一個步驟。全體人員都表示要進行。

　　擔任太空艙通訊員的杜克吞了吞口水，開口說道：「呼叫老鷹號……請進行PDI。」阿姆斯壯和艾德林啟動下降引擎。當引擎完全運轉時，登月艙開始搖晃並發出聲響。

　　老鷹號加快前進與下降的速度。阿姆斯壯發現他們比預期早2秒通過關鍵地標，再這樣下去，他們會偏離著陸點。接著，他們降至10,000公尺時，一個黃色警報鈕開始閃爍。

　　阿姆斯壯回報：「程式警示碼1202。」克蘭茲想不起來警示碼1202的意義，不過導航官史蒂夫・貝爾斯知道，那表示導航電腦超載了。

阿波羅計畫在選擇登陸的時間上，完全是以提供太空人最有利的工作條件為考量。如果太陽從著陸點正上方照射月球表面，可能會讓太空人很難發現巨石和隕石坑。因此，阿波羅 11 號選擇登陸月球的時機，是在太陽照射月球的角度恰好略高於地平線 10 度，這時，物體會像地球日出或日落時那樣，拖著一道長長的陰影。

在放眼望去盡是一片雪白的月球上，這一點非常重要，下面這個活動會告訴你為什麼。

請準備：

◆ 一張白紙
◆ 白米
◆ 手電筒
◆ 捲筒衛生紙中間的圓筒
◆ 黑暗的房間

1. 將一張白紙放在你面前的桌上，並在紙上撒幾粒米。
2. 打開手電筒，關掉房間的燈。
3. 透過圓筒看紙張。
4. 用手電筒從正上方照米粒和紙。你能夠輕易看見米粒嗎？

5. 一邊看著紙張和米粒，一邊把手電筒往側邊下方移動，保持光線照著米粒。你現在是不是可以更容易就看見米粒了呢？
6. 把白紙想成月球表面，米粒是巨石。如果你要登陸月球，你希望太陽從哪一個角度照射在登陸點？

登月艙繼續下降的同時，貝爾斯在腦海中不斷思考著解決方案，這名二十六歲的電腦專家只有 15 秒的時間決定下一步該怎麼做。導航程式會在超載時重新啟動，因此，除非燈一直亮著，不然太空船不會有事。

　　貝爾斯說：「我們在警示下繼續行動。」老鷹號繼續執行登陸任務。

　　登月艙下降到 2,000 公尺時，阿姆斯壯看見電腦正引導老鷹號往隕石坑飛，於是他切換到手動控制模式，現在他必須親自駕駛登月艙。

　　無線電傳來太空艙通訊員杜克的聲音：「准許著陸。」

　　艾德林答覆道：「收到，明白。著陸。」然後幾乎是立刻接著說：「900 公尺。程式警示碼 1201。」

　　貝爾斯大喊道：「警示下繼續行動。」杜克告訴艾德林，不必理會警示。

　　在 300 公尺處，阿姆斯壯看見巨石，然後又看見另一個隕石坑。

　　杜克說：「60 秒。」只剩下 1 分鐘的燃料。

　　阿姆斯壯繼續尋找，又越過另一個隕石坑。然後他發現一塊平坦的空地。

　　克蘭茲聯絡杜克：「你最好提醒他們，月球上沒有加油站。」但是，坐在旁邊的史雷頓捅了杜克一下說：「別講話，讓他們趕快著陸。」

　　在此同時，艾德林的妻子緊緊抓著客廳門框，可見她內心的焦急不安。屋子裡擠滿家人和朋友，每一雙眼睛都緊盯著電視。

　　任務控制中心一片寂靜。老鷹號降得更低了，引擎吹起月球表面的塵土。

　　杜克警告的說：「30 秒。」

　　艾德林說：「探觸燈亮了！」掛在老鷹號著陸板的感應器已經接觸到月球表面。阿姆斯壯按下引擎關閉鍵，登月艙正式降落在月球，力道是如此輕

柔，太空人連一點撞擊的感覺都沒有。

杜克透過無線電進行確認：「老鷹號，請說話。」

在這漫長的 3 秒鐘裡，沒有人回答。然後，無線電出現阿姆斯壯的聲音：「休士頓，這裡是寧靜海基地。老鷹號已著陸。」

杜克緊張到舌頭都打結了：「收到，寧、寧……寧靜海，地面收到。你們害這裡有一堆傢伙快要窒息了。我們終於可以恢復正常呼吸，非常感謝。」

此時，艾德林的妻子跌坐在地上，然後她緩緩站起身，跌跌撞撞走進另一個房間，試著讓自己平靜下來。當時，一直陪著艾德林妻子看轉播的奧哈拉回憶道：「我不斷搖著頭，心想這不可能是真的，絕對不可能。我們在這裡，而他們在另一個星球上，一想到就讓人渾身起雞皮疙瘩。」

在任務控制中心所有人發出陣陣歡呼聲之後，團隊迅速回到各自崗位繼續工作。如果老鷹號遇到需要緊急離開的狀況，他們必須隨時做好應變的準備。

軟體先鋒——瑪格麗特・哈米爾頓
(Margaret Hamilton, 1936-)

瑪格麗特・哈米爾頓是阿波羅 11 號登陸月球的電腦程式碼開發工程師。在麻省理工學院德拉普爾實驗室擔任軟體工程部主任的她，設計出一種方法，能夠讓電腦排列工作的優先順序，先完成重要的工作。當老鷹號的警示響起時，超載的電腦會自動重新計算導航數字，而不是全部關機。

有人詢問哈米爾頓第一次登月成功的感想，她說：「我很高興。不過比起成功登陸月球，軟體發揮作用更讓我覺得開心。」在後續的阿波羅計畫飛航任務中，哈米爾頓研發的這套軟體一直持續更新，幫助太空人更加順利達成任務。

哈米爾頓在 2003 年獲得 NASA 的「太空傑出貢獻獎」，這座獎肯定「哈米爾頓女士和她的團隊所開發的阿波羅飛航軟體，是一項具開創性的成就」。2016 年，她獲頒美國總統自由勳章。

瑪格麗特・哈米爾頓和列印出來的阿波羅電腦程式碼，攝於 1969 年。
照片來源：*Draper Laboratory, Wikimedia Commons*

登月太空衣

阿波羅計畫的登月太空衣，其實就像是艘小型太空船。它在地球上的重量是 82 公斤，但是到了月球只有 13.6 公斤重。登月太空衣和中古世紀騎士穿戴的盔甲一樣，是由多個部件組成。

首先，太空人要貼身佩戴一種穿戴裝置，用來監測心率和其他身體功能，並把資訊傳回給在地球上的醫師。

接著，太空人會穿上**液體冷卻衣**（這裡用的液體是水），它看起來很像衛生衣和衛生褲，不過布料裡總共編進了 90 公尺長的細管。月球表面溫差非常大，陰

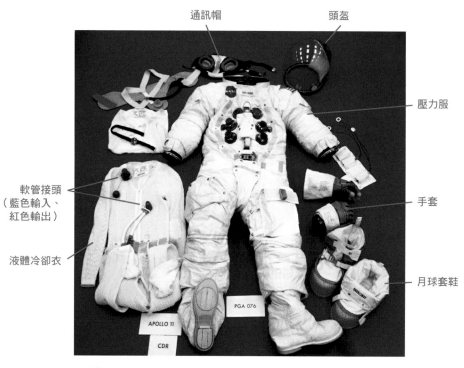

通訊帽　　頭盔

壓力服

軟管接頭
（藍色輸入、
紅色輸出）

手套

液體冷卻衣

月球套鞋

照片來源：NASA, S69-38889

暗處只有攝氏零下 120 度，但陽光照射處則高達攝氏 140 度。所以這件衣服對太空人很重要，有了它才能在進行艙外活動時維持正常體溫。

最外層是主要的**壓力服**。它有二十一層不同的織料，可以保護太空人免於高溫、低溫、輻射、空氣洩漏，甚至是微小隕石的影響。在真空狀態的太空中完全加壓時，太空人的腰、肘和膝蓋都難以彎曲，這就是為什麼太空人照相時通常會手臂往前高舉。

太空人的雙手還要套上厚厚的**手套**，手套上有金屬製的腕環。手套沒有什麼彈性，手掌握拳時，彷彿手心擠著一顆網球。至於太空人的腳上，除了有太空衣本身的鞋子之外，還要在外面套上一雙笨重的**月球套鞋**，幫助他們在塵土中行走。

太空人在進行艙外活動時，會背著一個名為「可攜式維生系統」的大背包。太空衣透過軟管與可攜式維生系統相連接，可以調節太空衣內的壓力、輸入氧氣、排出二氧化碳和水氣，並透過水循環來維持液體冷卻衣的溫度恆定。

太空人戴的透明圓形頭盔是由聚碳酸酯製成，強度是樹脂玻璃的三十倍。它有一個金色的護目鏡，可以擋住刺眼的太陽光線。此外，每個太空人都會戴上**通訊帽**（他們叫它做「史努比帽」），用於固定麥克風和耳機。

登月太空衣是由 ILC 公司製造，它是美國知名品牌 Playtex 的母公司。

全人類的一大步

．．．．．．．．．．．．．．．．．．

7 月 20 日，在加州唐尼市一間加油站值班的麥克・波倫，度過了一個悠閒無事的安靜午後。他今年十六歲，聽說阿波羅 11 號已經登陸月球，十分盼望能在太空人月球漫步之前趕到家。好不容易等到傍晚 6 點值班結束，他開著車子轉進平時小鎮最車水馬龍的街道，卻發現街上空無一人。

波倫說：「這時，如果你在街道的這頭丟出一顆保齡球，它會一路滾到街尾而不會撞上任何東西，因為整條街上根本看不見別的車！」

就像許多唐尼市的居民，波倫的父親也在北美洛克威爾公司的工廠工作，參與阿波羅指揮艙的建造工作。當他回到家門口時，全家人已經圍在電視機前等待。他的父親笑容滿面，坐在距離螢幕非常近的位子。

不僅是唐尼市，當時全世界有六億人都在翹首引領，期待看見太空人踏上月球的那一刻。CBS 電視網在紐約中央公園架起大螢幕，成千上萬名觀眾聚集在此觀看現場轉播。根據統計，當天就連罪犯也「休假」——在月球漫步之夜，全球犯罪率下降 90%。

蘇聯太空人里奧諾夫回憶道：「登月的一剎那，每個人都忘記我們是地球上不同國家的公民，那是讓全人類真正凝聚在一起的一刻。即使我身處於軍事中心、身旁全是在監控敵國表現的軍方人員，現場卻爆出熱烈的掌聲。」

在阿姆斯壯和艾德林正式出艙探索月球地貌之前，原訂計畫是要先用餐並小睡四個小時。但在這種時候，誰還能睡得著？因此阿姆斯壯要求把艙外活動時間提前，任務控制中心也同意了。

用餐完畢，阿姆斯壯和艾德林開始穿上月球漫步用的太空衣——這是一個非常耗時的程序。艾德林回憶道：「老鷹號的空間非常狹窄，我們覺得自己就像兩個在童軍帳篷裡換位子的美式足球邊後衛。」

他們穿上太空衣，並開始降低艙壓，整個程序比預期還要耗時。終於，艙內壓力降至能夠開啟艙門，艾德林輕輕一拉，艙門就被外面的壓力衝開，冰晶噴了進來。

阿姆斯壯的雙手與雙膝跪地，倒退著從艙口出去。在梯子的頂端，他拉了一個環，一臺電視攝影機打開了。地球上的觀眾看見模糊的黑白影像，眾人驚呼：「好像有東西……」，可是畫面並不清楚。

接著，大家看見阿姆斯壯緩慢的走下梯子，來到著陸板。他一邊走，一邊描述他在這個過程裡的每個動作。只要再一步，人類將首次踏上月球表面。阿姆斯壯會說些什麼呢？

幾個月來，人們一直在問阿姆斯壯這個問題，包括將在月球漫步期間，擔任太空艙通訊員的太空人布魯斯・麥克坎德里斯。當時阿姆斯壯告訴他：「我可能會說，『老天，這裡到處都是塵土。好，我們開始吧……哦！那裡有一塊石頭。』」

但是，現在就是這一刻——休士頓時間晚上 10 點 56 分，距離老鷹號著

1969 年 7 月 20 日，數百萬人看著尼爾・阿姆斯壯步下阿波羅 11 號的梯子，在月球上留下第一個腳印。阿姆斯壯的隊友麥可・柯林斯無緣目睹這一幕，因為指揮艙哥倫比亞號此刻正在月球的另一面。照片來源：NASA, S69-42583

陸已經超過六個小時。麥克坎德里斯靜靜等待，不想破壞這珍貴的一刻。

阿姆斯壯的左腳從著陸板上抬起，一腳踩進月球表面的塵土裡。接著，他開口說：

「這是個人的一小步，卻是全人類的一大步。」

一開始，阿姆斯壯移動得很緩慢，在適應地球六分之一的重力後，他像個蹣跚學步的幼孩般攀扶著登月艙。然後，他鬆開手，挖一勺月球土壤裝進袋子，然後塞進登月太空衣的口袋。這稱為「應急採樣」，如果老鷹號不得不緊急撤離，至少還能帶回一些東西給科學家。

19 分鐘後，艾德林爬到艙口外的平臺。他說：「我想出來支援，所以讓艙門半掩著，免得我們被鎖在門外。」

阿姆斯壯笑道：「你想得十分周到。」

艾德林步下梯子，站在登陸板上。他說：「多美的景色！」

「很壯觀，不是嗎？」阿姆斯壯說。

艾德林踩進月球塵土，說道：「壯麗的荒蕪。」

等到他們慢慢走得比較順了（與其說是走，其實更像是跳），兩人就正式開始工作。第一件事是立起美國國旗，但這並不容易——不管他們如何用力，旗桿都只能插進月球土壤約 15 公分深。阿姆斯壯後來說，這是阿波羅 11 號任務最可怕的時刻，國旗可能隨時會倒下來。阿姆斯壯迅速拍下一張艾德林向國旗敬禮的照片。

艾德林還沒來得及拍下阿姆斯壯向國旗敬禮的照片，任務控制中心的無線電就傳來通知：尼克森總統正在線上。

尼克森總統對他們說：「阿姆斯壯和艾德林！我是從白宮橢圓形辦公室打電話給你們，這無疑是史上最具歷史意義的一通電話。因為你們的作為，天空成為人類世界的一部分。你們在寧靜海與我們的談話，激勵我們要加倍努力，為地球帶來和平與寧靜。」最後，總統祈願太空人平安返航。

　　總統說完話，接著是一陣尷尬的沉默，因為無線電訊號要 1.3 秒才能到達月球，從月球傳回地球還要 1.3 秒。

　　幾秒鐘後，終於傳來阿姆斯壯的回答：「謝謝你，總統先生。我們不僅代表美國，也代表世界各國追求和平的人士，這是我們莫大的榮幸。」

　　通話結束後，太空人繼續工作。

　　他們可以在登月艙外的時間是兩個多小時，而現在已經用掉 53 分鐘。阿姆斯壯將含有月球岩石與土壤的「全樣本」裝入鋁箱，艾德林則開始設置科學實驗設備。

　　三項主要實驗設備分別是：太陽風探測器、地震儀，以及反射器。太陽風探測器是一個長形鋁板，收集從太陽發出的氫、氦、氖、氬和氙等原子。地震儀用於測量月球地殼的振動。反射器則有 100 個稜鏡，可以反射從地球發出的雷射訊號，測量出月球在不同時候與地球的距離。它的精準度非常高，誤差值只有 15 公分。

　　除了進行科學實驗，太空人的其餘時間都用來採集岩石。這些岩石不同於之前採集的樣本，不但經過精挑細選，太空人還會詳細記錄，並將岩石放進貼有標籤的袋子裡。

　　兩位太空人用相機記錄下工作過程，總共拍攝了三百三十九張照片。阿

姆斯壯拍了很多艾德林的照片,但是艾德林只拍下兩張阿姆斯壯的照片。阿姆斯壯最清晰的一張正面照片還是自己拍的……那是他映在艾德林面罩上的小小鏡影。

沒多久,他們返回登月艙。太空人探索的區域面積相當於一個棒球場,並在那裡留下許多從地球帶來的紀念品,包括葛里森兒子交給他們的阿波羅1號任務徽章、象徵和平的金色橄欖枝、紀念在太空競賽中喪生的加加林和科馬洛夫的兩個小紀念章,以及一個刻著地球上七十三位國家領導者善意訊息的矽製圓盤。

艾德林帶著幾箱樣本先進入登月艙。在後頭等待的阿姆斯壯抬頭凝望天空,發現他一伸出手臂,用大拇指就可以遮住地球。後來有人問他,當時他是否因此感覺自己很雄偉,他回答:「不,這讓我感覺自己非常、非常渺小。」

然後,阿姆斯壯爬上老鷹號的梯子,但他所留下的腳印,在未來幾個世紀都會留在月球上。太空人還留下許多可能會在月球存在更久的垃圾,他們丟棄的東西包括:太空靴、可攜式維生系統、空的食品容器,以及滿滿的尿袋。

等他們回到老鷹號,艙壓一上升,太空人就摘下頭盔。由於他們的衣服沾滿月球塵土,所以他們現在終於知道月球上是什麼氣味,那像是溼泥巴加燃燒過的火藥——聞起來就像是放鞭炮時的味道。

在月球上的巴茲‧艾德林。他的面罩上反射出照片拍攝者尼爾‧阿姆斯壯的身影,1969 年 7 月 20 日。*照片來源:NASA, AS11-40-5903*

接下來，他們注意到一個大問題：艾德林在離開登月艙時，不小心撞壞了上升引擎的啟動把手，如果不設法解決，他們就無法離開月球。艾德林建議在洞裡塞支簽字筆代替把手，結果這個辦法還真的管用。

在返航前，他們先吃東西，並且休息一下。又冷又擠的登月艙並不舒適，地球反射的光線更透過窗戶把艙內照得一片明亮。阿姆斯壯只睡了三個小時，一個小時後，艾德林也醒了。

尼爾‧阿姆斯壯在月球上僅有的幾張彩色照片中的一張，當時他正站在老鷹號的陰影中，1969 年 7 月 20 日。照片來源：NASA, AS11-40-5886

歸途

．．．．．．．．

當隊友們在月球表面的登月艙裡睡覺時，柯林斯也在軌道上的指揮艙裡睡覺。柯林斯承認他也很想登陸月球，但是他依然很高興，自己能為這場壯闊的探險旅程貢獻所長。

指揮艙每 120 分鐘繞行月球一圈，其中約有 48 分鐘都在月球的背面，這時，指揮艙會處於與任務控制中心、老鷹號完全斷絕通訊的狀態。不過柯林斯並不覺得寂寞，這段靜默時光是很好的休息時間，可以暫時告別喋喋不休的無線電通訊，進行安靜的沉思。他說：「我想到很多關於家人的事。不過，除此之外，我還想到地球，它是一個多麼壯麗的棲息地，從遠處看，它是如此寧靜。」

降落二十一個小時後（連一天都不到），阿姆斯壯和艾德林準備返航。他們啟動爆炸螺栓，讓上升艙脫離登月艙的下半部，並點燃上升引擎，讓上升艙就像搭乘高速電梯般往上推進。引擎噴出強大氣流，吹倒了他們小心翼翼立起的國旗。

短短三個小時，老鷹號就與哥倫比亞號完成會合。在阿姆斯壯操作上升艙緩緩進行對接的同時，柯林斯拍下這艘船與遠處地球的合照。他後來寫道：「我終於意識到，在這一張小小的照片中，容納了三十億個地球人、兩名探險家和一顆月球。至於攝影師，則理所當然的隱身在鏡頭之外。」

對接完成，柯林斯打開指揮艙和登月艙之間的艙門。艾德林先進來，然後是阿姆斯壯，他們開心微笑、彼此握手。接下來，他們把成箱的岩石樣本

月球 15 號

阿姆斯壯和艾德林結束艙外活動並沉沉睡去的同時，蘇聯則嘗試再次超越美國。就在他們的上空，無人駕駛的月球 15 號探測器準備降落月球表面，計畫鑽取岩芯樣本後，搶在阿波羅 11 號之前返回地球。NASA 知道它的到來，因此這段時間一直與俄羅斯人維持訊息交流，以確保兩艘太空船不會在軌道上相撞。

然而，蘇聯沒有高品質的月表地圖，月球 15 號計畫最後以失敗告終。月球 15 號墜毀於月球上危海附近的山脈，位置是在阿波羅 11 號所在的寧靜海東北方 1,000 多公里。

搬進指揮艙。柯林斯回憶道：「我感覺手中彷彿是一箱箱稀世珍寶。就某種意義上來說，它們確實如此。」

等到所有東西都進了指揮艙，他們就拋棄登月艙。哥倫比亞號與老鷹號分離，空的上升艙被遺留在月球軌道上。柯林斯注意到，登月艙離開時，他的隊友看起來很傷心。幾個星期後，登月艙墜毀在月球表面。

返航過程很順利。太空人聽著錄音帶的音樂。阿姆斯壯帶了音樂家德弗札克創作的《新世界交響曲》，還有薩繆爾‧霍夫曼一張十分特別的專輯——《來自月亮的音樂》。富有幽默感的他們還準備了錄著貨運火車、狗叫、鈴鐺等各種音效的錄音帶，在無線電通訊過程中播放以捉弄任務控制中心。

個人工具包

老鷹號登陸月球時，太空人帶了許多特別的東西。阿姆斯壯帶著萊特兄弟第一次飛行時的木製螺旋槳殘片及機翼上的布料。艾德林帶著美國發明家戈達德寫的兩本書，其中一本後來送給戈達德的遺孀。

這些都是太空人個人工具包裡的物品。每名阿波羅計畫太空人都可以帶一小袋重量在 230 公克以下的物品登上太空艙，當成給自己、家人和朋友的紀念品。柯林斯也曾分享自己攜帶的物品：「我帶了祈禱文、詩歌、紀念章、硬幣、旗幟、信封、胸針、領帶夾、徽章、袖扣、戒指，甚至還有一支尿布別針。」

想一想，如果你要去月球，你的個人工具包要裝些什麼呢？

請準備：
◆ 料理秤
◆ 可重複封口的夾鏈袋
◆ 個人物品

1. 挑選你要放進寶物袋裡的個人物品，可以是對你、你的家人或朋友具有重大意義的小東西。

2. 從你最喜歡的物品開始，依序將物品放在料理秤上，直到總重量達到 230 公克的上限。

3. 所有東西都裝得進個人工具包嗎？如果不行，能否取下比較重的物品，換成更小、更輕的物品？

4. 完成之後，把秤上的物品放進可以重複封口的夾鏈袋裡。它們和你預期的一樣多嗎？

尼爾·阿姆斯壯於 1969 年 7 月 20 日留在月球上的金色橄欖枝的複製品。照片來源：NASA, 71-HC-602

隔離檢疫

· · · · · · · · · · · · · ·

7 月 24 日，阿波羅 11 號的指揮艙提早 1 分鐘濺落在太平洋。一架直升機載著三名潛水員飛抵濺落地點，潛水員打開艙門，丟進去三套生物隔離衣，並且立即關上艙門。生物隔離衣是附頭盔和呼吸過濾器的密封工作服，當太空人被轉送到大黃蜂號航空母艦時，可以防止身上任何潛藏的「月球細菌」逸散。

等到太空人全副著裝就緒後，機組人員再次打開艙門，跳進救生艇。然後，他們用化學清潔劑互相擦洗，再一次一個懸吊到等待的直升機上。

到了艦艇，三名太空人很快轉移到叫作「移動隔離設施」的特製拖車裡。太空人們快速沐浴、刮鬍子，穿上乾淨的藍色連身衣。尼克森總統在那裡歡迎他們歸來。他們三個人擠在移動隔離設施的小窗往車外望，總統則站在窗前的麥克風前。

尼克森總統向他們祝賀，並邀請他們在解除隔離後訪問白宮。他說：「這是開天闢地以來，世界歷史上最偉大的一星期。由於你們所做的一切，全世界比過去更緊密的連結在一起。」

雖然回到了地球，然而阿波羅號的機組人員必須要待在移動隔離設施裡隔離三個星期。

1969 年 7 月 27 日，還在移動隔離設施裡隔離的阿波羅 11 號太空人，在休士頓與他們的妻子團聚。照片來源：NASA, S69-40147

阿波羅號濺落三天後，大黃蜂號駛入夏威夷的珍珠港。移動隔離設施被裝上平板拖車在檀香山遊行，接受檀香山民眾的夾道歡呼，有個小男孩甚至跟在旁邊跑了好幾公里。接下來，移動隔離設施又被空運到休士頓，它在半夜時分抵達，來接機的群眾規模更加浩大，而機組人員的家人也在那裡等待。

「歡迎回家！」柯林斯的妻子對著話筒大喊：「你看起來好極了！」

艾德林問兒子在學校過得如何，兒子提醒他：「爸爸，學校已經放暑假了。」

最後，移動隔離設施抵達載人太空飛行任務中心，機組人員進入一個名為「月球物質回收實驗所」的大型封閉區域。它有二十個房間，設有起居區、圖書館、餐廳和會議室等設施。在這裡，還有許多無菌動物（如老鼠、鳥、魚、蝦、鵪鶉、蟑螂、牡蠣等等）被曝露在月球岩石和塵埃中，觀察它們是否會患上某種不明的太空病。阿姆斯壯、艾德林和柯林斯則在這裡接受數十次醫學檢查，他們看起來很好。

在留置期間，他們要撰寫詳細的任務報告，並接受 NASA 工作人員的訪談。在工作之餘，他們也會打乒乓球和電動玩具來放鬆身心，還足足簽了幾千張簽名照。阿姆斯壯的三十九歲生日是在隔離期間度過，他一個人默默的練習彈奏烏克麗麗。

國際英雄

阿姆斯壯、艾德林和柯林斯在 1969 年 8 月 10 日解除隔離。三天後，紐約市舉行一場盛大的遊行，共有 400 萬人齊聚一堂，熱烈的歡迎他們。接著，三人先在聯合國發表演說，然後趕到芝加哥參加另一場遊行。然後，他們又到洛杉磯參加阿波羅 11 號登月晚宴，為這一天畫下句點。尼克森總統授予三位太空人總統自由勳章，第四枚勳章則是頒給任務控制中心，由這次任務的導航官、電腦奇才貝爾斯代表受獎。

9 月 29 日，太空人和他們的妻子展開「巨人的腳步 —— 阿波羅 11 號總

1969 年 9 月 29 日,阿波羅 11 號太空人在墨西哥市遊行。照片來源:*NASA, 70-H-1553*

統親善之旅」。第一站是墨西哥的首都墨西哥市。負責籌劃這次巡迴之旅的朱利安・史爾回憶道:「飛機著陸後,我們從機場前往市區,沿途道路上擠滿了人。我們注意到有個人從窗口探出身子,手上拿著一張手寫字卡,上面寫著:『阿波羅 11 號太空人,這裡是你的家。』這是最早看見的手寫字卡,而且所有人都同時看著它,因而在我們心中留下深刻的印象……人類首次登陸月球,確實喚醒了全世界所有人的想像力。」

在為期四十五天的親善之旅中,他們走遍世界各大洲,除了南極洲沒去,共造訪二十三個國家。三名太空人與各國總統、總理、國王與王后,還有教宗保祿六世共進國宴,預估全球有上億人爭相親眼目睹他們的風采。

然而,這樣的關注實在讓人吃不消。回到休士頓後,艾德林的妻子在日記裡寫道:「金線絲絨的光澤已經褪色斑駁。這一切一直都讓艾德林覺得不自在,但是他盡忠職守的苦撐著。我也努力配合,但是我既疲倦又不開心。」柯林斯清楚知道他的工作已經對家人造成影響,於是要求史雷頓把他的名字從未來的飛行任務考慮名單裡刪去。至於阿姆斯壯,在接下來的幾年裡,他愈來愈少發表演說,最後也不再為照片簽名。他們三人再也沒有重返太空。

阿波羅 12 號與「歡樂三人組」

阿波羅 12 號機組人員是第一個清一色由海軍組成的團隊，因此，他們以船艦名稱為太空船命名：指揮艙是「洋基快艇號」，登月艙是「無畏號」。三位太空人是康拉德、高登和比恩，他們是大家口中的「歡樂三人組」。可可海灘的居民總會不時看見他們穿著淺藍色飛行服，戴著飛行員眼鏡，開著拉風的金色跑車，在城裡穿梭奔馳。

康拉德和高登打從在海軍服役時就是好朋友，更是一起出雙子星 11 號任務的老隊友。高登說：「康拉德和我不用語言就可以溝通。我們信任彼此，而且想法相近。」比恩則是後來才加入團隊，因為阿波羅 12 號原定的登月艙駕駛員威廉斯，不幸在佛羅里達州塔拉哈西附近飛機失事而喪生，所以最後決定由比恩接下這個任務。

阿波羅 12 號預定在阿波羅 11 號之後十六個星期發射，NASA 可以根據較早的任務狀況修改飛行計畫，然而太空船發射時會發生什麼情況，誰也無法預料。

1969 年 11 月 14 日是阿波羅 12 號的發射日，尼克森總統前來佛羅里達觀看太空船升空。當天天空烏雲密布，而且還下著雨，如果土星 5 號無法發射，機組人員就必須再等二十八天。幸好雨勢不大，而且 30 公里內沒有打雷的跡象，於是任務繼續倒數計時。

下午 4 點 22 分，土星 5 號從發射臺升空。才過 36 秒，火箭在距離地面

阿波羅 12 號的機組人員（由左至右）：彼特·康拉德、迪克·高登和艾倫·比恩。照片來源：*NASA, S69-38852*

阿波羅 12 號任務徽章。圖片來源：
NASA, S69-52336

1,800 公尺處被閃電擊中。高登在抖動的太空艙中大喊：「這是在搞什麼鬼？」控制面板的警示燈在閃爍。

16 秒之後，阿波羅 12 號再次被閃電擊中。

康拉德用無線電說：「各位，我們的導航平臺剛剛消失了，我不知道是怎麼一回事，除此之外，我們這裡沒有出現任何異常反應。」

這時，在地面任務控制中心，飛航主任格里芬轉向二十四歲的約翰‧亞倫——他正在監看火箭電力系統，但他的電腦螢幕顯示一堆亂七八糟的數字。

亞倫說：「機組人員，試試看把 S-C-E 轉到 Aux。」意思是把系統切換到另一個插座。比恩從無線電收到太空艙通訊員的指示後，立即撥動開關。亞倫的電腦螢幕閃爍了一下，數字重新正常顯示。看來情況不錯。

此時，火箭已經穿越雲層，第一節火箭脫離。「轟！」當土星 5 號的第一節火箭脫離、第二級火箭點燃時，被安全帶固定在椅子上的太空人感受到猛然震動。

火箭的狀況看起來不錯，但是指揮與服務艙的三具燃料電池似乎出現故障。休士頓告訴比恩，一次重啟一個。就這樣，三具電池逐一恢復正常。

可是，一切真的沒問題嗎？格里芬回憶道：「當時，我們擔心自己可能搞砸了什麼，而導致任務失敗。所以，我們讓太空船在地球軌道上又繞了一圈，爭取更多時間，盡可能檢查服務艙是否受到損害。」幸好，一切運作正常。

任務控制中心放行機組人員離開地球軌道。高登啟動第三節推進器，正式朝向月球出發！

精準著陸

相較於發射升空，阿波羅 12 號的登月之旅就顯得有些平淡無奇。康拉德開玩笑說：「除了刮鬍子和刷牙，就沒有其他事好做了。」途中，比恩用播放一捲錄音帶，三人就隨著一首名為〈甜心寶貝〉的歌曲旋律，在零重力環境下手舞足蹈。

11 月 18 日，阿波羅 12 號抵達月球，機組人員在登陸月球表面之前先小睡一覺。這次任務的主要目標，是在探勘者 3 號的步行距離內著陸。探勘者 3 號是兩年半前登陸月球的無人太空船，太空人要取下它的一些組件，帶回地球研究。

第二天早上，康拉德和比恩進入登月艙。在關閉指揮及服務艙與登月艙連接艙口之前的最後一刻，高登對康拉德說：「讓我們再複習一遍，右邊是油門，左邊是剎車。」這段話逗得大家全都笑了。然後，高登一本正經的說道：「夥伴，去給我拿些石頭回來。」

康拉德說：「明天見了，高登。」

比恩在通道回頭望著高登，心想：「我還會再見到這個人嗎？不知道我們接下來會遇到什麼事，但我希望我們幾天後能再相見。」

雖然比恩的正式職務是登月艙駕駛員，但是真正駕駛登月艙的是指揮官康拉德。比恩的工作是負責監看登月艙儀表板，並在降落過程中向康拉德提供重要資訊。

電腦引導無畏號一路下降。下降到高度 2,000 公尺處，康拉德凝視窗外，

1969 年 11 月 19 日，登月艙「無畏號」離開指揮艙「洋基快艇號」，前往登陸月球。

照片來源：NASA, AS12-51-7507

尋找他的「停車場」。

「嘿，在那裡！在那裡！」他叫道：「好傢伙，就在大馬路中間！」比恩迅速瞥了一眼愈來愈近的月球表面，到處都是隕石坑。他喃喃自語道：「哇，真是恐怖。」然後目光回到面前的儀表板，說道：「老兄，看起來真的很不錯。」

他們靠得更近時，康拉德看見地面上到處都是大岩石。他把無畏號切換到手動控制，大幅向左傾斜，瞄準一片平整的地面。然後，他們在 60 公尺高空稍做盤旋，開始進行最後一段下降——直線降落。

登月艙下降，使得塵土朝四面八方揚起。康拉德回憶道：「從高度 30 公尺以下，我根本看不見我們的著陸區。看起來就像是有張超大的灰色毯子罩在我們下方。」登月艙穿過滾滾塵土，下降、再下降……

比恩報出讀數：「高度 10 公尺，你的燃料還很多。很多很多，親愛的。」

藍色的「觸地」燈亮起，康拉德關掉引擎。無畏號下降最後 1 尺，穩穩落地。

「漂亮著陸！」比恩對正在大笑的康拉德說：「厲害啊，老兄！」

人在月球上空軌道的高登，用無線電向他的隊友發話：「這是來自洋基快艇號的祝賀，祝你們玩得開心！」

無畏號成功登陸

⋯⋯⋯⋯⋯⋯⋯⋯⋯⋯⋯

　　義大利記者歐麗雅娜・法拉奇不相信阿姆斯壯的登月名言「這是個人的一小步，卻是全人類的一大步」，是他自己想出來的。這可是全世界屏息以待的一刻，NASA 會放任太空人想說什麼就說什麼嗎？這絕對不可能！

　　她和她的朋友康拉德為這件事爭辯，而康拉德恰好是計畫中下一位登陸月球的太空人。

　　康拉德說：「你等著，我會證明給你看。」他靈光一閃，馬上想到自己登月時要說些什麼，由於這句話實在太滑稽，法拉奇一定會馬上相信這是他自己想的，絕對不可能是 NASA 寫給他的稿子。調皮的康拉德還和她打賭500 美元。

　　現在，只要順著梯子再走一步，康拉德就要贏得這場賭注。他說：「哇呼！老兄，那可能是阿姆斯壯的一小步，卻是我走了好久的一步！」

　　康拉德慢慢後退，離開梯子，並環顧四周：「老兄，你絕對不會相信——你猜我在隕石坑的另一邊看見什麼？」

　　「那架老探勘者，對吧？」比恩猜道。

　　「老探勘者。沒錯，就是它。」康拉德說：「是不是很妙！它離我們絕對不超過 180 公尺。」這充分說明，他們辦到了精準著陸。

　　康拉德馬上開始採集土壤樣本。他一邊跳躍前進，一邊哼唱著歌曲。

　　現在，輪到比恩爬出無畏號。踏上月球後，他跳到隕石坑，親眼看看探勘者 3 號。在坑緣，他把手伸進登月太空衣的口袋，拿出他戴了六年的銀色

太空人別針，用力扔進眼前寬闊的隕石坑中。他知道完成任務返回地球後，他將得到一枚只有真正到過太空才能配戴的金色太空人別針。

另一方面，任務控制中心與電視觀眾在彩色螢幕上觀看所有現場轉播。不過，轉播時間並不長，因為比恩在移動登月艙攝影機時，不小心把它直接朝向太陽。強烈的陽光導致攝影機零件損毀，這次的月球電視轉播只好到此為止。

阿波羅 12 號依照預定計畫進行兩次艙外活動。在第一次艙外活動中，太空人進行了太陽風、月震、月球磁場等探測實驗。

比恩要安裝鈽棒，這是實驗設備的動力來源。他後來回憶道：「表面上看起來，一切都很順利，但當我要把核燃料元素從裝運箱匣轉移到發電機時，核燃料元素卻拿不出來……於是我們運用手邊唯一拿得到的工具──錘子，由康拉德搥打箱匣的一側，我則是不斷使勁的用力拉。……他的力道猛到把石墨殼都敲裂了。……箱匣的溫度約為攝氏 760 度，我很訝異隔著太空衣還能感受到它的熱度。」在強力敲擊之下，他們終於取出核燃料。

在外面待了大約四個小時之後，康拉德和比恩回到無畏號用午餐和休息。比恩選擇的是義大利麵，因為他非常喜歡義大利麵，他事後表示：「就像當時大多數的『太空食品』，它的口味非常清淡。不過我倒是不太在意，因為之前我告訴過我的兩個孩子：『爸爸會成為第一個在月球上吃義大利麵的人』，現在我真的辦到了。」

這時的地球上，美國三大電視網正忙得不可開交。月球轉播斷訊後，觀眾開始紛紛轉臺，得趕快想辦法補救。他們想到的做法是，在太空人進行第二項艙外活動時，CBS 和 ABC 播放康拉德和比恩的聲音，讓演員穿著登月太

空衣，在攝影棚的月球布景間模仿太空人做動作。NBC則沒有用演員，而是使用人偶，不過他們做得維妙維肖，有些觀眾甚至沒有察覺到他們是在看偶戲。

在第二次艙外活動期間，太空人徒步走進隕石坑，來到探勘者3號前。他們首先拍下探勘者3號的外觀，它看起來是褐色的，就好像在陽光下烤過那樣。接著，他們用破壞剪取下金屬管線、採樣勺和相機。回到地球後，工程師將仔細研究這些設備，以確定太空環境對太空船的長期影響。剩下的艙外活動時間，他們都在採集岩石樣本。

返回登月艙的時間終於到了，比恩先進艙。康拉德先向他一個月前去世的父親致敬，然後最後一次爬上登月艙的梯子。

返航
· · · · · · · ·

1969年11月19日，艾倫‧比恩從無畏號下到月球表面。*照片來源：NASA, AS12-46-6726*

高登應該也很想和好友一起登陸月球，不過他依然認真扮演好身為指揮艙駕駛員的角色。他說：「我為他們感到開心，但我有職務和職責在身。」此外，一個人待在洋基快艇號上也不錯，他後來表示：「你可以不必顧慮別人……而且你還有很多事要做，必須確實完成。這是獨處的時刻，太陽照射月球時……你可以看見一些前所未見的神奇景色。」

有一次，有人問高登：「一個人孤零零的待在離家幾十萬公里的地方，

阿波羅 12 號上有一件偷渡品，至於它到底是怎麼進入太空船的，這個問題一直是個謎。據說這件偷渡品，是雕塑家佛瑞斯特‧邁爾斯的陶瓷創作《月球博物館》（*Moon Museum*）。那是一片長 1.9 公分、寬 1.3 公分大小的白色陶瓷，上面刻著邁爾斯、安迪‧沃荷、克拉斯‧歐登伯格、羅伯‧勞森伯格、大衛‧諾沃斯、約翰‧張伯倫等六位著名藝術家的作品。邁爾斯要求 NASA 把它送上月球，但遭到拒絕。於是他找 NASA 技術人員幫忙，把它藏在包覆登陸腳架的金色聚酯薄膜裡。他是這麼說的，但沒有任何技術人員承認幫忙偷渡藝術品。

如果你可以把一座「博物館」送上月球，你的博物館要展示什麼東西？

請準備：

◆ 草稿紙
◆ 白色卡片紙
◆ 尺
◆ 剪刀
◆ 細簽字筆

1. 在草稿紙上為你的「月球博物館」畫一件藝術品。構圖要簡單，因為接下來你要重新畫出它的微縮版。
2. 用尺在卡片紙的一角上量出一個長 1.9 公分、寬 1.3 公分的長方形。
3. 剪下這個長方形。
4. 用細簽字筆把你的設計稿謄到卡片紙。
5. 你的「月球博物館」看起來和你想像的一樣嗎？如果你想改動內容，請再畫一張。
6. 如果你願意的話，可以想個好辦法，把它偷偷帶上太空船。

延伸活動：

普普藝術家安迪‧沃荷和勞森伯格都曾以「阿波羅計畫」為主題，創作出知名的藝術品。請在網路上搜尋，找出勞森伯格的土星 5 號版畫《火箭發射》（*Hot Shot*），以及安迪‧沃荷所做的艾德林肖像畫《月球漫步》（*Moon Walk*）。

你是否曾經感到害怕？」他只是聳聳肩說：「這個嘛，我也說不上來。不過在你的窗戶外面，就是一整個宇宙。」

事實上，高登獨處的時間並不長，無畏號在著陸三十二個小時後就回來了。會合要花兩個小時，由於太空船是由康拉德駕駛，於是比恩望向窗外，看著下方的月球景觀。

他們在最後一圈繞行到月球後方時，康拉德突然問比恩：「你想駕駛看看這個東西嗎？」

比恩說：「這樣做的話，任務控制中心會嚇得半死吧！」

康拉德笑著說：「別擔心，我們現在在月球後面，他們不知道我們在做什麼。」

於是比恩接過控制桿，讓無畏號向左、向右、向上、向下移動。這只是登月旅途中的一個小小的插曲，但對比恩來說，卻是讓他一輩子感到最窩心的事情之一。

幾分鐘後，康拉德重掌控制桿，把無畏號導向與洋基快艇號對接。當高登打開連接兩艘太空船的艙門時，只看見兩個髒兮兮、渾身是塵土的人，於是「砰」的一聲關上艙門。

康拉德大喊：「高登，你在搞什麼啦？」

高登回答：「你們那個樣子，休想上我的船。」

高登可不是在開玩笑，他遞給他們兩個收納袋，用來裝他們髒兮兮的登月太空衣，還要他們脫掉身上所有的衣服，一件都不能留。最後，他們終於完成要求，兩個人像出生時那樣全身光溜溜的。

1969 年 11 月 20 日，阿波羅 12 號第二次艙外活動期間，艾倫·比恩拿著一支土壤樣本瓶。照片來源：*NASA, AS12-49-7278*

三人把岩石和裝備都收妥後，就放生無畏號，把它送回月球。無畏號墜毀在月球表面時，之前安置的地震儀記錄到這次撞擊。月球的地殼振動長達30分鐘，就像敲鐘後的共振一樣。

　　四天後，高登駕駛洋基快艇號返回大氣層，看著隔熱罩在重返大氣層過程中逐漸燒毀。他說：「隨著溫度升高，你彷彿坐在一個七彩螺旋式開瓶器上，黃色、紅色、綠色和紫色，全都混在一起。」太空艙的濺落地點，距離回收艦大黃蜂號只有5公里——又是一次精準著陸。

1969 年 11 月 24 日，回收中的阿波羅 12 號太空人。照片來源：*NASA, S69-22265*

1969 年 11 月 29 日，阿波羅 12 號太空人抵達休士頓，這時的他們還待在移動隔離設施裡。照片來源：*NASA, S69-60644*

　　回到地球後，機組人員照常必須接受隔離，不過只要隔離十六天。12 月 10 日，太空人出關，各自回到溫暖的家。幾個月後，比恩到當地的購物中心買冰淇淋，當他坐下來，看著來來往往的行人，想著：「他們都活在歷史的這一刻，這是多麼美好的一件事啊！」

　　NASA 實現了甘迺迪總統立下的宏願，而且是兩次！在太空人和眾多地面後勤人員的努力下，登月之旅看起來十分輕鬆容易。不過，情況很快就會發生改變。

阿波羅 13 號進行
電視轉播時的任務控制
中心，沒多久之後，太空
船就發生爆炸事件。螢幕上
的是佛瑞德‧海斯，背對鏡頭的是
金恩‧克蘭茲。照片來源：NASA, S70-
35139

Chapter 6

「休士頓，
我們有麻煩了！」

19 70 年 4 月 11 日，阿波羅 13 號發射升空兩天後，按照計畫進行電視轉播。這時太空人距離地球將近 32 萬公里，再過一天就能抵達月球。

　　美國的電視臺已經沒興趣再轉播一集「飄浮食物」，或是狹窄空間中的「太空艙導覽」，而是照常播出原排定的節目。於是，洛弗爾的妻子只好開車帶著四個孩子，到任務控制中心的貴賓室看電視轉播。新進太空人佛瑞德·海斯的妻子及三個孩子也在那裡，海斯的妻子當時懷有七個月身孕。

當 31 分鐘的轉播接近尾聲，洛弗爾說：「這是阿波羅 13 號機組人員，我們正準備結束水瓶座號的檢查工作，回到奧德賽號。祝大家有個美好的夜晚！」（阿波羅 13 號的登月艙叫「水瓶座」；指揮艙叫「奧德賽」。）

在貴賓室看完轉播，洛弗爾和海斯兩家人開車回家。最後，飛航控制中心的太空艙通訊員傑克・路斯瑪，用無線電對機組人員提出一項要求：「阿波羅 13 號，如果有機會，我們想要請你們做一件事：攪動冷槽。」

指揮艙駕駛員傑克・史威格答道：「好的，收到。」

這項要求的原因在於，指揮艙裡有幾個裝滿液態氧和液態氫的超低溫儲存槽，如果不偶爾攪拌一下，內容物就會變成「濃稠的蒸汽」，無法正常發揮作用。至於如何攪動冷槽，只需要開啟開關就可以進行攪拌作業。

2 分鐘後，突然出現一記悶聲的巨響，接著太空船開始搖晃。洛弗爾看看海斯，又看看史威格。他們兩個人也不知道發生什麼事。

史威格向控制中心報告：「我相信我們遇到問題了。」太空艙通訊員要史威格詳細說明。接著，洛弗爾在無線電發話：「休士頓，我們有麻煩了！」

控制人員喬治・布利斯看著電腦螢幕上的數字。指揮艙的 2 號氧氣槽彷彿不見似的，什麼都沒有。機組人員的呼吸用氧，有一半都儲藏在那裡。布利斯喃喃說道：「我們遇到不只一個麻煩。」

回憶起當時在下方「壕溝」裡（他們這麼稱呼任務控制中心，控制人員就坐在好幾排的電腦螢幕所在處）的控制人員，克蘭茲說道：「所有人盯著螢幕，清楚知道指揮艙的維生資源，就像是血液一樣從人體中逐漸流失。控制人員彷彿墜入萬丈深淵。」

阿波羅 13 號——「來自月球的知識」

．．．．．．．．．．．．．．．．．．．．．．．．．．．．．．．．．．．

阿波羅 13 號是第一項科學任務。在此之前，每一次阿波羅任務的焦點都是「如何登陸月球」，克服一道道技術性挑戰。但是，阿波羅 13 號要執行的是一套完整的實驗計畫。它的任務徽章上寫著：Ex Luna Scientia，意思是「來自月球的知識」。

史雷頓挑選洛弗爾擔任這次飛行的指揮官。洛弗爾將是第一位執行四次太空任務的美國太空人。另外兩名機組人員則分別由兩名新秀太空人擔任：肯・麥丁利駕駛指揮艙，海斯駕駛登月艙。

阿波羅 13 號準備工作一直進展得很順利，但就在發射日前沒多久，後備機組人員杜克從兒子的一個玩伴那裡感染到德國麻疹。這個消息讓 NASA 的醫師非常擔心，因為杜克與正式機組人員共用相同的辦公室、模擬器和午餐室。

當時，德國麻疹疫苗還沒有問世，只有得過麻疹的人才能得到免疫力。洛弗爾和海斯小時候得過麻疹，但是麥丁利從未得過。NASA 不能冒險讓太空人在離地球 380,000 公里外的地方生病，因此他們決定延後麥丁利的任務，由後備指揮艙駕駛員史威格遞補。

阿波羅計畫之所以設置後備機組人員，就是為了因應這類突發狀況，而史威格也一直在為這項任務進行訓練。儘管如此，洛弗爾和控制中心仍然需要再次確認，在這個最後關頭，這樣的變動是否可行。於是，NASA 讓史威格與洛弗爾、海斯一起進入模擬器。經過漫長的三天測試，他們確信換人沒

阿波羅 13 號任務徽章。圖片來源：
NASA, S69-60662

有問題。

公布阿波羅計畫發生這種變動，通常會是舉世矚目的大新聞，但是那天發生另一件更轟動的新聞——披頭四樂團宣布解散。於是第二天下午，阿波羅 13 號從 39A 號發射臺升空時，現場的記者比過去少很多，而且當土星 5 號一從視野中消失，電視臺立即停止轉播，恢復播放原定節目。

在飛航途中，史威格突然想起他忘記報稅，於是在無線電上請教任務控制中心要怎麼辦理延期。任務頭兩天發生最大的事，也就只有這樣。太空艙通訊員喬·克爾文向機組人員坦承：「我們在這裡無聊到想哭。」

阿波羅 13 號的機組人員（由左至右）：吉姆·洛弗爾、傑克·史威格與佛瑞德·海斯。*照片來源：NASA, S70-36485*

現在怎麼辦？

● ● ● ● ● ● ● ● ● ● ● ● ● ● ● ● ●

飛航主任格里芬回憶道：「那次事故發生時，我認為一開始沒有人意識到它的嚴重性。大家還在忙著討論該如何做，才能順利完成登月任務。」

但是，這種狀況沒有維持太久，很快的，緊急情況就被看得一清二楚。在奧德賽號上，海斯掃視儀表板，說道：「其中一個氧氣槽的壓力表、溫度表和數量表，指針全都在最低位置。」洛弗爾和海斯向窗外望去，看見許多碎片和一大團飄散的氣體，他們還以為是被隕石擊中。

奧德賽號很快就失去動力。指揮與服務艙有三具燃料電池可以供應電力。

液態氧和氫在電槽裡混合，產生水和電。現在，指揮與服務艙的供氧量消失一半，而且對於爆炸有沒有造成其它設備損壞，機組人員也不太清楚。

海斯試著將電源線切換到另一具燃料電池，但是完全沒有反應。現在，太空艙只有一具燃料電池在運作，而且它的效能正在迅速降低。

氣體從服務艙側面噴出，推著奧德賽和水瓶座走，導航電腦試圖發射太空船的推進器，阻止它的移動。連結的兩架太空船發生震動，發出「嘎吱—嘎吱—」的聲響。

阿波羅 13 號已經越過等引力帶，現在被拉向月球，速度愈來愈快。如果要返回地球，機組人員必須先繞行月球再掉頭。但是，他們現在還沒有辦法擔心這個問題。

太空艙通訊員報告：「我們認為指揮艙還剩大約 15 分鐘的電力，所以我們希望你們開始往登月艙移動。」機組人員只有一個選擇──關閉指揮與服務艙，並進入還沒有損壞的水瓶座。登月艙成為他們的救生艇。

洛弗爾迅速將必要的導航信息傳輸到登月艙後，史威格立即關閉指揮與服務艙的電力。這個辦法真的可行嗎？等他們要返回地球時，奧德賽號的電力還能啟動嗎？一切都必須等到時候，才會真正揭曉答案。

此時在任務控制中心，克蘭茲召集手下最頂尖的控制人員開會。這支臨時組成的精英團隊要解決三大挑戰：第一，登月艙原來的設計是讓兩名太空人維持兩天生命，而現在必須想辦法讓它可以供應三名太空人維持四天生命。第二，必須想辦法讓已經受損的太空船安全返回地球。第三，必須想辦法讓指揮與服務艙在返回地球大氣層時，順利重新啟動。接下來的幾天，他們要

做出無數關鍵的決定，完全沒有優柔寡斷、躊躇不前的時間。

克蘭茲最後告訴團隊：「當你們離開這個房間時，必須有把握讓機組人員回家。我不管成功機率有多低，也不管我們之前沒有做過這樣的事，飛航控制中心絕對不能讓任何一個美國人死在太空。你們必須有信心，美國人民必須有信心，三名太空人一定會回家。現在，開始行動！」

團隊合作
· · · · · · · · · · · ·

麥丁利回憶道：「沒幾分鐘的時間，人們開始從四面八方湧進任務控制中心。下一輪值班的人、沒有輪班的人……不到一個小時，控制中心看起來就像白天一樣。每一個曾經為阿波羅貢獻心力的人都來了……大家唯一想的都是──我們要帶他們回家。」

接下來幾天，麥丁利、瑟爾南、喬·恩格爾，以及一些幾乎是以阿波羅模擬器為家的太空人，開始負責測試新程序，再由任務控制中心下達指示給洛弗爾。另一些太空人則是陪伴機組人員的家人，為他們傳達所聽到的無線電通訊內容，並從任務控制中心帶來最新消息。

為了回家，阿波羅 13 號必須進入「自由返回軌道」。穿越太空有點像打迷你高爾夫球──如果你的擊球方向正確，球會以曲線滾過隆起處，神奇的一桿進洞。阿波羅 13 號如果繼續按照目前的路徑行進，就會繞過月球再返回地球，但是會偏離地球 72,000 公里。所以機組人員必須啟動引擎，把太空船

推進一條完美的路徑，也就是「自由返回軌道」。

由於「奧德賽」已經故障，剩下的唯一一具引擎，就是「水瓶座」的下降引擎。然而，它原本是被設計用來讓登月艙降落月球，而不是推進損壞的指揮艙穿越太空。但在這種情況下，他們還能有什麼選擇？

根據任務控制中心的計算，在爆炸後五個半小時，水瓶座的引擎只要燃燒 31 秒就可以進入自由返回軌道。休士頓時間凌晨 2 點 42 分，在登月艙的導航電腦讓太空船朝著正確方向前進下，洛弗爾啟動了下降引擎。

結果成功了！十六個小時之後，阿波羅 13 號繞行到月球的另一側。海斯和史威格興奮的對著月球表面拍照。洛弗爾警告他們不要浪費時間，但是他們說：「你已經去過月球，可是我們沒有。」於是，有那麼一陣子，洛弗爾也和他們一起擠在窗口觀看窗外的景緻。

4 月 14 日晚上 8 點 40 分，離繞過月球後方已經過了兩個小時，機組人員執行「回家程序」以加速返航。他們啟動水瓶座的下降引擎四分半鐘，以增加返回地球的速度。執行這個程序的目的，是把原來是四天的行程縮短為兩天半。

從爆炸發生一直到這個時候，機組人員幾乎沒有闔眼睡覺。因此，史雷頓在無線電上發話：「嘿，夥伴們，我是史雷頓。我只是想讓你們知道，我們會把你們安全送回地球。一切看起來都很好，你們要不要放下憂慮，先睡個覺呢？」洛弗爾回答：「我們覺得

1970 年 4 月 14 日，飛航控制人員與太空人同心協力營救阿波羅 13 號。*照片來源：NASA, S70-34986*

這個提議不錯。」

正當機組人員試著休息一下的時候，任務控制中心仍在設法重新啟動損壞的指揮與服務艙。他們還在努力弄清楚它的狀況。

冰凍池塘裡的青蛙

當牧師到洛弗爾家拜訪時，洛弗爾十二歲的女兒正哭著跑進她的臥室。洛弗爾的妻子陪在女兒身邊，然後帶她出去散步。雖然她心裡明白，不過還是開口問女兒為什麼不開心。

「你怎麼會這樣問？我當然是擔心爸爸回不了家。」女兒這樣告訴她。

洛弗爾的妻子只能盡量安撫女兒，溫柔的告訴她：「你的父親是我所認識最厲害的太空人。」但除此之外，也沒辦法再說些什麼。洛弗爾的妻子比任何人都擔心他的安危。

這時在「水瓶座」裡，太空人們正試著入睡。艙內又濕又冷，就像冰庫一樣，他們呼出的水氣都凝結在艙壁和儀表板上。

洛弗爾表示：「我們三個人像冰凍池塘裡的青蛙一樣冷。」

除了冷，太空人也逐漸面臨窒息的威脅。因為他們的每一次呼吸，都會增加空氣裡的二氧化碳濃度。正常情況下，太空艙是用氫氧化鋰濾淨器去除二氧化碳。水瓶座號只有兩個濾芯，它們是圓柱形的。仍然處於關閉狀態的「奧德賽」上還有濾芯，但是它們是方形的，沒辦法用在登月艙的濾淨器。

這時，在地球的指揮中心裡，太空人楊恩正帶領一組團隊，設法用太空船裡的物品（例如太空衣上的管子、膠帶、飛行計畫的封面、襪子等）製造出一具接合器。因為它是方形，所以他們稱它為「郵箱」。等團隊想出辦法，再由指揮中心告訴機組人員如何打造這具接合器，沒多久，「水瓶座」的船艙裡再度流動著乾淨的空氣。

由於指揮與服務艙仍然在漏出氧氣，不斷緩緩將它們推離航線。因此那天晚上，阿波羅 13 號必須第三次啟動水瓶座的下降引擎。這次只啟動 14 秒，目的是保持太空船朝正確的方向前進。

終於，阿波羅 13 號還有十九個小時就要進入地球大氣層，任務控制中心已經準備好向機組人員發送指示，以重新啟動奧德賽號、脫離損壞的服務艙、脫離水瓶座號，然後在太平洋濺落。相關說明長達三十九頁，一共包含四百多個步驟。

太空艙通訊員凡斯‧布蘭德把程序逐行用無線電告知機組人員。太空人把每條指示和開關設定都寫下來，然後複誦給布蘭德，以確認他們沒有聽錯。光是這個過程，就花了兩個小時。

重返大氣層前四個半小時，史威格分離服務艙與指揮艙。洛弗爾從登月艙窗口看見逐漸飄走的服務艙，他驚訝的回報道：「那艘太空船的半邊全部不見了！從引擎底部開始，整片面板都被炸掉！」

剩下的時間不多，機組人員啟動指揮艙，關閉通往登月艙的艙門。史威格撥動一個開關，「砰」的一聲，登月艙飄走了。

太空艙通訊員看著螢幕畫面說：「再見了，水瓶座號。我們感謝你。」

在此同時，紐約的中央車站聚集了數千人佇足觀看電視轉播。教宗在聖彼得廣場為太空人安全返航祈禱。在印度，也有十萬名印度教朝聖者為他們祈福。

洛弗爾的妻子、母親及數十名摯友和鄰居在原木灣的家裡看轉播。NASA曾私下告訴她和海斯的妻子，機組人員活著回來的機率是 10%——如果一切順利的話。

在重返大氣層前的最後幾分鐘，史威格對指揮中心說：「我想我們這裡每一個人，都想感謝在地面上的所有人，謝謝你們的卓越表現。」

洛弗爾深感同意：「史威格說得沒錯。」

指揮中心的克爾文答道：「你知道的，我們所有人都樂在其中。」

離任務控制中心與太空艙斷訊的時刻愈來愈近，克爾文要他們放心：「大

（左）1970 年 4 月 17 日，傑克・史威格與正方形的「郵箱」空氣過濾器。照片來源：*NASA, AS13-62-9004*

（右）1970 年 4 月 17 日，損毀的阿波羅 13 號服務艙正在飄移離去。*照片來源：NASA, S70-35703*

家都說你們看起來非常好。」

無線電最後傳來的是史威格的聲音，他說：「謝謝你們。」

成功的失敗
· · · · · · · · · · · · · · · ·

克蘭茲等了將近 5 分鐘，然後說道：「克爾文，開始與他們通話。」

太空艙通訊員克爾文喊道：「奧德賽號，這裡是休士頓，聽到請回答。」

沒有聲音。

幾秒鐘過去，他們再次發話。然後，再一次。又 1 分鐘在沉默中流逝。

接著，「壕溝」裡突然有人叫道：「有訊號！」

「收到，克爾文。」大家都認出來，這是史威格的聲音。

接下來，現場影像出現在畫面中。三頂顯目的降落傘帶著奧德賽號慢慢從雲層中降落。幾分鐘後，它濺落在風平浪靜的太平洋面，距離硫磺島號航空母艦不到 5 公里。當海軍潛水員打開太空艙的艙門時，先是衝出一團冰冷的霧氣，然後才看見太空人出來。沒多久，他們就站在航空母艦的甲板上。

機組人員的體重總共減輕 14 公斤。海斯的腎臟嚴重感染，需要臥床休養一段時間。不過，他們終於平安回家了。

回到休士頓，「同心協力村」的派對才剛剛開始。瑪麗蓮在屋前的草坪對記者發表談話。她坦承：「我這輩子從來沒有經歷過這樣的事，也不希望再經歷一次。」這是連續三天以來，她第一次展露笑顏。

1970 年 4 月 17 日，洛弗爾在硫磺島號航空母艦上閱讀新聞報導。照片來源：*NASA, S70-15501*

第二天，尼克森總統把總統自由動章頒發給克蘭茲、倫尼，以及多位飛航控制人員。阿波羅 13 號機組人員抵達夏威夷時，也獲頒總統自由動章。

在 NASA 調查事故期間，所有阿波羅飛航任務都暫時遭到擱置。調查結果發現，這次事故的元凶是一個簡單又微小的零件——燃料槽 65 伏特開關上裝的是 28 伏特的恆溫器，而建造燃料電池的承包商卻沒有更換，結果燒壞了恆溫器。恆溫器壞了，就無從判斷燃料槽內是否過熱。

然而，太空人在過程中做對了哪些事，卻難以被記錄下來。洛弗爾和海斯有試著在模擬器裡，重建他們在飛行期間採取的一些緊急程序，可惜最終還是無法完整還原當時所做的一切。

洛弗爾後來說：「我們這次任務失敗了，不過我認為它是『成功的失敗』。」話雖如此，許多國會議員依然認為阿波羅計畫的風險太高，應該立即終止。更何況就在當年 1 月時，阿波羅 20 號才因財政考量而宣告取消。

阿波羅 14 號成為攸關計畫存續的任務。幸運的是，這次任務指揮官是一位家喻戶曉的美國英雄。

阿波羅 14 號與「菜鳥三人組」

第一位飛進太空的美國人雪帕德，原本被選為雙子星計畫首次飛行的指揮官。發射時間是在 1964 年初。但是，在 1963 年末時，雪帕德開始感到頭暈和噁心，於是去看 NASA 的醫師。

診斷結果對雪帕德是一記嚴重的打擊——他罹患梅尼爾氏症而導致內耳積水。雪帕德在 1964 年 2 月遭到停飛，不僅不能駕駛太空船，也不能單獨駕駛飛機。史雷頓讓雪帕德擔任太空人辦公室負責人，這是管理雙子星及阿波羅計畫機組人員的重要職務，不過仍然是一項文職。

許多梅尼爾氏症患者會自行痊癒，不過雪帕德沒有。隨著時間過去，他的左耳幾乎失聰，平衡感逐漸惡化，連在房間中行走都很難不跌倒。

後來，雪帕德得知一種可以矯正問題的實驗新療程。1968 年夏天，他用化名到加州一家醫院接受手術。手術後，他的症狀逐漸好轉，最後終於痊癒。1969 年 3 月，NASA 的醫師宣布他可以復飛。

史雷頓建議由雪帕德擔任阿波羅 13 號的指揮官。雪帕德要求讓史都・羅沙和米切爾擔任他的隊友。這兩個人過去都不曾出過太空飛行任務，但是他們的智慧和奉獻精神都讓史雷頓印象深刻。

消息一傳開，其他太空人出現雜音，他們覺得雪帕德插隊。唯一參與阿波羅計畫的水星計畫太空人庫柏，甚至為此憤而辭職。

NASA 管理階層也不確定雪帕德是不是阿波羅 13 號任務的最佳人選，認為他需要接受更多訓練。載人太空飛行任務辦公室主管穆勒否決史雷頓的提議，把雪帕德這組人員調到阿波羅 14 號，阿波羅 13 號任務則轉由洛弗爾這組人員擔任。

阿波羅 14 號的機組人員（由左至右）：史都・羅沙、艾倫・雪帕德與艾德加・米切爾。
照片來源：NASA, S71-37963

阿波羅 13 號發生事故後的調查工作，讓阿波羅 14 號的發射時間從 1970 年 7 月延期到 1971 年 1 月。為提高安全性，工程師在這段期間為指揮與服務艙增加一個氧氣槽、一具備用電池和更多的儲水量。

改良後的指揮與服務艙將由羅沙駕駛，他把它命名為「小鷹號」，以紀念萊特兄弟。米切爾把登月艙命名為「蠍心號」，這個名字源自於那顆登陸月球時可以看見的明亮恆星──心宿二，又稱為「天蠍之心」。大家給阿波羅 14 號機組人員取了一個綽號：「菜鳥三人組」，因為他們三人的太空飛航經驗加起來只有 15 分鐘，而且還是在水星計畫時期。

一波三折

由於之前的德國麻疹事件，阿波羅 14 號的太空人要在發射前三個星期進行隔離。升空的前一天晚上，機組人員和他們的家人隔著太空人宿舍的窗戶道別。

雪帕德和妻子隔著玻璃窗親吻對方。雪帕德說：「明晚我不會像往常一樣打電話回家，我得去一個遙遠的地方。」

第二天早上，也就是 1971 年 1 月 31 日，史雷頓與機組人員一起搭車到 39A 發射臺。史雷頓對他在水星計畫的老朋友說：「萬事小心，旅途愉快。」雪帕德走到塔頂通道時，低頭望了望。史雷頓還站在那裡看著，雪帕德對他豎起大拇指。

米切爾回憶道：「我能聽到火箭傳來的隆隆聲，彷彿是火車站裡等待啟程的龐大蒸汽火車。」然而，這列「火車」並沒有準時離站，一場雷雨讓火箭發射延遲了 40 分鐘。

當土星 5 號終於衝向佛羅里達烏雲密布的天空時，機組人員開始歡慶升空。

「漂亮！」雪帕德說。羅沙喊道：「繼續，寶貝，繼續！」

米切爾則回報：「它在動，在動了！一切都很好！」

不過，不是所有的事都那麼順利。阿波羅 14 號在進行地月轉移的半個小時後，羅沙駕駛小鷹號脫離第三節火箭，轉置後開始與蠍心號對接。但對接沒有成功，兩艘太空船只是輕輕的互碰一下，然後就彼此遠離。

羅沙再次嘗試對接，兩艘太空船又碰了一下，但依舊沒有成功。雪帕德開始考慮是否要穿上太空衣，到艙外解決問題。

接下來，他們又嘗試對接三次，但是都失敗。最後，任務控制中心建議羅沙在兩艘太空船碰觸後，持續啟動推進器，讓它們相互推擠，看看能否觸發閂扣。這個方法真的管用，終於順利完成對接。

現在問題來了，如果要繼續執行登月任務，到達月球軌道後兩艘太空船必須脫離，並在完成登月後再次對接，然後才能航向地球。但閂扣似乎有點問題，到時候是否能安全完成對接？關於這個問題，NASA 在爭論一番後，最後決定准許阿波羅 14 號登陸月球。

2 月 4 日，阿波羅 14 號進入月球軌道。繞行月球十二圈之後，雪帕德和羅沙駕駛蠍心號脫離小鷹號，準備降落在風暴洋東邊的弗拉・毛羅環形山。

1971 年 2 月 5 日，在弗拉·毛羅環形山的蠍心號。照片來源：NASA, AS14-66-9306

米切爾在紀錄上寫道：「我們感覺自己就像一艘在寒冷的夜色裡被大船放生的小艇。」

當蠍心號下降到月球表面的中途時，顯眼的紅色「中止」燈亮起。地球上的控制人員認為可能是中止按鈕的電路發生故障，太空艙通訊員問道：「米切爾，你能拍一下中止按鈕周邊的面板嗎？」米切爾照做，燈滅了。控制中心擔心這個故障如果在降落過程中再次發生，會使電腦自動中止降落程序，因此緊急對系統進行必要的調整。

下降至 10,000 公尺時，登月雷達的警示響起，無法成功鎖定月球表面。米切爾被要求反覆重新啟動系統，終於在 6,700 公尺時成功取得高度及下降速度訊息。

按照任務規則，如果到距月球表面 3,000 公尺處雷達依舊失靈，就必須終止任務。但當時駕駛登月艙的是雪帕德，熟悉他行事風格的人都知道，即使雷達失靈，他還是會堅持完成降落。幸好，在一片揚起的月球塵土裡，蠍心號順利降落在距離目標錐形隕石坑只有 50 公尺的地方。

趁著完成登月艙系統並獲准暫時休息的空檔，米切爾問正開心不已的雪帕德：「我問你一個問題，答案我們兩個知道就好——如果雷達失靈，你真的還是要降落嗎？」

雪帕德眨了眨眼，說道：「我不知道，米切爾。我真的不知道。」

月球迷走

....

太空人用餐結束、著裝完畢後，就往艙外行動。雪帕德先出太空艙。當他踏上月球表面時，這位四十七歲的指揮官說：「路途如此遙遠，但是我們終於到了。」

太空艙通訊員打趣說道：「以一個老傢伙來說，這是件很棒的事！」

雪帕德抓著梯子，緩緩倒退步下登月艙，接著，他抬頭看見新月形狀的地球。他不是個多愁善感的人，不過當時的他不禁哽咽。

接下來，米切爾也踏上月球表面，加入雪帕德。他回憶道：「我一手拿著檢核表，另一手拿著手錶，艾倫和我不斷查看腕上的錶，以按照進度完成任務。」

3D 岩石

在阿波羅 11、12 和 14 號登月任務中，太空人攜帶了一種叫做「阿波羅月球表面特寫相機」的設備。這部相機有兩個相距幾公分的鏡頭，就像人的雙眼一樣。當太空人拍攝土壤時，會同時拍下兩張照片，以便日後用於建構 3D 圖像。

右方影像拍攝於阿波羅 12 號任務期間。請找一副立體眼鏡戴上（那種左眼有紅色濾鏡、右眼有藍色濾鏡的紙眼鏡，當然你也可以用彩色玻璃紙和紙板自己做一副），你看見了什麼？

照片來源：*NASA/Lunar and Planetary Institute, AS12-57-8455*

在網路上以「ALSCC anaglyph」或「Apollo anaglyph」為搜尋關鍵字（anaglyph 意為「互補色立體相片」），或是掃碼進入 LPI 網站，就能看見更多由阿波羅任務拍攝照片構成的月球 3D 影像。

照片來源：*123RF.com, © pixelrobot*

1971年2月5日，「月球人力車」模組化裝置運輸車返回阿波羅14號時留下的軌跡。

照片來源：NASA, AS14-67-9367

在這次任務中，太空人有一項新設備——模組化裝置運輸車，可以用手拉著到處移動。這輛「月球人力車」裝載著他們的設備、相機、地圖，還有岩石及土壤樣本。但是，模組化裝置運輸車的運作狀況不如預期——它陷進月球塵土裡，只要哪個輪子撞到岩石，車子就會彈起來，震盪的程度幾乎要讓車子翻覆。

阿波羅14號的「阿波羅月球表面實驗包」布署地點距離蠍心號約200公尺。米切爾使用一種叫做「重擊器」的裝置測試地震儀。他往月球土壤裡頭發射炸藥十三次，每次都在不同的地點，讓地震儀記錄震動狀況。有了這些數據，地質學家就能夠更了解月球表面。

四個半小時之後，太空人返回蠍心號。第二天，他們要徒步前往錐形隕石坑。米切爾向休士頓報告：「我們明天去那裡應該不會有任何問題，那裡附近一定有很多巨石。我猜有一些石頭直徑會有6公尺。……我認為我們到得了坑緣。」不過此刻的他們需要好好休息一下。

然而，在半夜時分，太空人被一聲巨響驚醒。

雪帕德問道：「你聽到了嗎？」米切爾說：「我當然聽到了。」

他們立刻跳下吊床。他們最先擔心的是登月艙傾覆——它有一片著陸板停在一個小隕石坑，因此太空船是傾斜的。又或者，這聲音是來自隕石擊中月球。結果，他們什麼也沒發現。那天晚上，兩個人都提心吊膽，根本無法

入睡。

此時，在月球上空的小鷹號裡，羅沙也無法睡好。他要負責拍攝的東西很多，但是太空船上的相機故障了。

不過，羅沙偶爾會看著窗外的景色。每次小鷹號進入月影，太空艙都會籠罩在一層濕氣裡。他彷彿可以感受月球的黑暗。等到太空船重新進入陽光面時，一切煥然一新，羅沙回憶道：「因為窗戶有陽光灑落，帶給人的感受立刻從黑暗轉為光明。」

第二天一早，雪帕德和米切爾前往東邊約 1 公里處的錐形隕石坑。這是個將近 335 公尺寬、240 公尺深的隕石坑。米切爾手邊有一張地圖，能夠顯示到那裡的路徑。想像中，它應該很容易就能找到，但是事實上並非如此。

月球表面的實境有個奇特現象，那就是難以判斷實際距離，而且能見度並不高。月球沒有飽含水氣的大氣層，同色的地貌都混成一片。正因如此，觀看電視轉播的觀眾有時會看見螢幕上的太空人神祕消失在月球景觀裡，然後隨著兩人走遠，又在一座看不清楚的山丘上出現。

原本，米切爾認為他們快要接近隕石坑的邊緣，因為他們已經走過很多巨石，腳下的塵土也變得更深，可是實際上卻不是這樣。雪帕德告訴休士頓：「我們往前踩兩步，就往後滑一步。這就像是在深厚的沙灘裡辛苦跋涉。」

兩人一面走，一面奮力將模組化裝置運輸車拖上坡，過

1971 年 2 月 6 日，艾德加・米切爾和艾倫・雪帕德在尋找錐形隕石坑時查看地圖。照片來源：NASA, AS14-64-9089

月亮樹

早在成為太空人之前，羅沙就在美國林務局擔任空降消防員。空降消防員是第一批抵達崎嶇山區的人員，以防止火勢蔓延。1950 年代，他曾在加州和俄勒岡州，跳傘進入猛烈的森林野火現場。

羅沙喜歡樹，所以他帶著五百顆種子前往月球、再返回地球。這些種子分別來自五種樹：紅木、美國楓香、花旗松、火炬松和美國梧桐。任務結束後，這些去過月球的種子經過催芽，長成樹苗後送到全球各地栽種，長成了「月亮樹」。有些月亮樹種在知名地點，例如白宮，有些則種在平凡無奇的角落，像是賓州迪爾斯堡的一所小學。

在華盛頓特區外的阿靈頓國家墓園也有一棵月亮樹，那是 2005 年由羅沙家族種下，以紀念他們的太空人父親羅沙 —— 他在 1994 年去世，安葬在阿靈頓墓園。

在這個活動裡，你要找出離你最近的月亮樹。你可以先掃碼查閱這些月亮樹名單。規劃一趟線上月亮樹之旅，看看從 1970 年代至今，這些樹長得有多大？

未來，如果有機會到美國旅遊，在秋天到來時，你或許可以在地面上撿到月亮樹的種子或毬果，這樣一來，你就可以在家裡或學校種下第二代月亮樹。

程中，負責監測心率的醫師還要他們先休息一下。最後，他們終於抵達坑緣。他們以為這裡是最高處，但其實這只是另一個小隕石坑。在另一邊，月球的地形繼續上升，還有更高的地方。

這時，太空艙通訊員向氣喘如牛的機組人員傳達新的指示：「希望你們把現在站的地方，當成錐形隕石坑的邊緣，繼續往前走。」

米切爾感到有點沮喪，但奮力最後一搏，他們繼續挺進，直到休士頓要他們停下來，返回蠍心號。途中，他們順道採集一些樣本，然後繼續朝蠍心號長途跋涉。後來他們才知道，他們距離真正的坑緣只有約 20 公尺。米切爾說：「當時，如果我們向前丟出一塊石頭，應該可以扔過坑緣。」

一路跋涉返回蠍心號後，雪帕德還有最後一項任務，不過那不屬於飛行計畫的一部分。他對電視觀眾說：「休士頓……你們可能認得我手裡拿的是什麼，

這是簡化版的鏟勺把手，它的底端剛好是一顆如假包換的 6 號高爾夫球鐵桿頭。」

原來，在史雷頓的幫助下，雪帕德把一顆 6 號鐵桿頭和兩顆高爾夫球偷偷夾帶進登月艙。它就附在機組人員的鏟勺把手上。

他繼續說：「我的左手拿著一顆數百萬美國人都很熟悉的白色小球。現在我要讓它落地，我要在這裡小試一下沙坑揮桿。」

雪帕德身上穿著笨重的登月服，無法用雙手握桿，於是他用單手揮桿。小白球滾走時，球桿在地面挖出一個小洞。雪帕德說：「與其說是打球，不如說是敲土。」他說完後再次揮桿，這一次乾淨俐落的擊出第二球。他興奮的說道：「好遠！好遠！」（實際上，球只飛了大約 200 碼。）

接下來換米切爾上場。他從太陽風收集器上取下一支長桿，像奧運選手一樣把它擲出去。他說：「這是本世紀最偉大的擲標槍。」

米切爾先爬回蠍心號。跟在後面的雪帕，踩在梯子上，身體往後傾，想再看一眼新月形的地球。雪帕心想：「美極了，這裡真的美極了！」

返航

2 月 6 日晚上，蠍心號離開月球並與小鷹號會合。這一次，蠍心號與小鷹號成功完成對接任務。當雪帕德飄浮到分隔兩艘太空船的艙門，故意敲了敲門。另一邊的羅沙笑著說：「是誰在門外啊？」

後來，他們開始搬運在月球上採集的岩石和底片，完畢後，小鷹號就拋棄上升艙，啟航返回地球。在三天的返航旅程裡，米切爾望著窗外，思索著先前所經歷的一切。他後來這麼寫道：「在這場全宇宙最頂尖的表演裡，我就坐在最靠近舞臺的位子！」置身在地球之外，他突然被一股強烈的感覺所撼動──覺得自己與宇宙合而為一，領悟到萬物圓滿的融合之道。他為此深感驚訝，內心充滿喜悅。

　　2月9日，阿波羅14號濺落在美屬薩摩亞附近的太平洋海面。機組人員被安置在新奧爾良號航空母艦的移動隔離設施裡，然後被運回休士頓。

　　在太空人為期二十一天的隔離期間，有消息傳出，他們在太空任務期間私下進行一項奇特的實驗，但雪帕德和羅沙對此毫不知情。進行實驗的是米切爾，他一共做了四次「超感官知覺實驗」，兩次在飛往月球的途中，兩次在返航的途中。

　　「超感官知覺」也就是俗稱的「第六感」。相信超感官知覺者主張，人類可以透過感官之外的管道接收訊息，例如能夠靠意念溝通。在飛航途中的四段休息時間，米切爾在紙上寫下一串分別與五種形狀配對的數字，然後盯著它們看。此時，在地球上有四個人會嘗試「感應」米切爾用念力「傳輸」的訊息，然後把他們感應到的東西寫下來。

　　唯一的問題是：阿波羅14號發射時延遲了40分鐘，地球上的四個人卻忘記要調整時程。換句話說，在米切爾發出念力前的40分鐘，這四個人就已經記下自己所感應到的訊息。儘管如此，米切爾依然聲稱實驗有效。

　　NASA的科學家們對米切爾的行徑感到很無奈，私底下更是罵聲連連。

雪帕德和米切爾採集的岩石和土壤樣本紀錄做得很差，常常無法確認採樣地點。而雪帕德居然還有閒功夫打高爾夫球，米切爾還有時間做什麼「超感官知覺實驗」？

阿波羅計畫只剩下三次任務，科學家要充分利用這絕無僅有的機會，就算因此不得不惹惱幾個太空人，也在所不惜。

你在月球上有多重？

如果在地球上測量太空人登月時穿的太空衣，重量超過 120 公斤！然而當太空人在月球漫步時，太空衣的重量大約只有 20 幾公斤，這是因為月球的質量小於地球，所以月球引力也比較小。同樣的，把一個物體拿到月球上測量，重量也只有在地球上時的六分之一。

想一想，如果你在月球上，你的體重有多重呢？

請準備：

◆ 體重計
◆ 計算機
◆ 洗衣籃或堅固的箱子
◆ 重物（如書本、瓶裝水等）

1. 測量你的體重。
2. 把你在地球的體重除以 6，得出的數字就是你在月球的體重。
3. 用體重計秤出與你在月球的體重相等重量的重物（如書本），然後把這些重物放進洗衣籃或箱子裡。
4. 試著提起洗衣籃或箱子，你可以順利將它提起嗎？

1972 年 4 月 21 日，
阿波羅 16 號太空人
約翰・楊恩行跳躍敬禮。
照片來源：NASA, AS16-113-18339

Chapter 7

科學任務

阿波羅 16 號發射前的最後幾天，太空人麥丁利在晚餐後，會去 39A 發射臺附近走走。他承認：「我們花好幾年時間了解太空船，但對於火箭卻一無所知。我覺得火箭滿酷的，所以就是想去看看。」

一天晚上，他發現土星 5 號的控制設備單元內部透出一道光，是一位技術人員在進行最後的檢查。麥丁利向他自我介紹，並詢問火箭是怎麼運作的。麥丁利說：「他很樂意帶我參觀，並逐一為我說明眼前各項設備的功能，還有那天晚上他要做的事。」

最後，那位技術人員對麥丁利說：「我不知道你覺得這枚火箭看起來怎麼樣，不過我可以告訴你，因為有我們這群技術人員，它絕對不會失敗。」

「這就是阿波羅精神！」麥丁利想著。與他共事的每個人——從甘迺迪太空中心到休士頓，再到全國成千上萬的民間承包商，共同為這項計畫竭盡心力。

　　對於許多人來說，他們的工作即將結束。隨著阿波羅計畫最後一次任務的來臨，NASA 解雇了 1,300 名員工。等阿波羅 17 號飛行任務結束後，還會有更多人失去工作。在甘迺迪太空中心附近的社區，空屋愈來愈多，許多家庭已經搬離。但對那些留下來的人來說，阿波羅精神會一直持續到最後一次的濺落時刻。

太空人必修課——地質學

　　每一位參與阿波羅計畫的太空人，都必須接受地質學訓練。但在早期幾次任務中，是聚焦在如何成功登月，相較而言對於抵達月球後探索的事物就沒那麼重視。隨著任務愈來愈偏重科學研究，太空人訓練的重心也隨之調整。

　　在 1965 年 6 月時，NASA 就挑選出六名新太空人。他們六個人都是科學家，分別是三位物理學家、兩位醫師，以及一位地質學家（傑克・施密特）。對於那些軍人出身的 NASA 太空人來說，往往需要一點時間才能和這些科學家打成一片。其中，施密特將會跨越「太空人」與「NASA 科學家」之間的鴻溝。

　　事實上，阿波羅計畫成功的背後，有四位地質學家扮演著關鍵角色。他

們分別是高登‧史旺、李‧西爾佛、比爾‧墨柏格，以及法魯克‧艾爾貝茲。

　　史旺、西爾佛和墨柏格負責訓練任務指揮官及指揮艙駕駛員，多次帶他們到偏遠地帶，進行長達一星期的實地考察，足跡遍及夏威夷火山、地球上的隕石坑、冰島等地，甚至騎著驢子深入大峽谷。目的是讓太空人上月球後，不會一看見石頭就拿，而是先研究月球表面，並尋找能夠呈現月球歷史的獨特樣本。

　　艾爾貝茲則負責訓練指揮艙駕駛員。由於這些太空人不會登陸月球表面，因此他們要學習如何在軌道上研究月球的地質。這位埃及出生的地質學家與指揮艙駕駛員一起飛越美國西部的山脈和沙漠，教他們如何從高空辨識岩層。他還協助阿波羅任務的規畫人員，挑選最有可能找到有趣發現的著陸點。

阿波羅 15 號

　　1771 年 7 月 12 日，詹姆斯‧庫克船長結束為期三年的全球科學遠征，率領奮進號駛入英格蘭迪爾港。兩百年後，艾爾貝茲建議阿波羅 15 號的機組人員，將他們的指揮艙命名為「奮進號」。至於登月艙，他們決定為它取名為「獵鷹號」，因為三位太空人都曾在空軍服役，而獵鷹是美國空軍學院的吉祥物。

　　阿波羅 15 號要在太空待兩個星期，其中有將近三天的時間會待在月球表面，駕駛新研發的月球車，探索登月艙周邊幾公里的範圍。此外，太空船還

要繞行月球超過六天，拍攝和研究月球表面。

1971 年 7 月 26 日，發射日到來。機組人員快速完成體檢、用過早餐之後，著裝前往 39A 發射臺。艾爾文回憶道：「技術人員關閉艙口時發出的聲音，就像是關上地牢大門。這像是給我一記棒喝，讓我意識到自己被隔絕於世界之外。」

上午 9 點 34 分，阿波羅 15 號在完美的天氣下升空。這時在華盛頓，尼克森總統並沒有為此特別起床，但白宮還是告訴媒體：「總統興味盎然的觀看火箭發射。」

前三天的飛行大致上沒有什麼問題。唯一的插曲是指揮艙有條水管漏水，機組人員修補好水管，並清理現場的混亂。史考特說：「我們在太空船裡晾了一大堆毛巾，看起來就像是哪戶人家在曬衣服。」

阿波羅 15 號在 7 月 29 日抵達月球。機組人員在月球背面啟動指揮與服務艙的引擎，然後進入月球軌道。史考特重新用無線電與任務控制中心取得聯繫：「哈囉，休士頓。奮進號載貨抵達目的地。這裡的景象真是棒極了！」

硬著陸

為了抵達著陸點，阿波羅 15 號必須飛越月球的亞平寧山脈，穿過一座兩側連綿高聳山脈的谷地，然後降落在哈德里月溪附近，那是一個彎彎曲曲、到處都是巨石的峽谷。

獵鷹號大部分的路徑都是由電腦控制，直到著陸前最後幾分鐘，史考特和艾爾文才清楚看見著陸點。登月艙下降時是一路仰著飛行，太空人只能透過窗戶往上看。眼前的景觀讓他們震驚，高聳的山脈從他們頭上飛掠而過。

之後，獵鷹號轉為直立飛行，史考特終於看見他的著陸點。當他引導登月艙下降到 18 公尺的高度時，塵土開始滾滾揚起，讓他看不到月球表面。所以當觸地燈亮起，他就關掉引擎，但此時，其實距離地面還有幾十公分的距離，於是獵鷹號重重摔在月球表面上。

「砰！」機組人員都嚇了一跳。接著，史考特用無線電聯絡任務控制中心：「休士頓，獵鷹號已降落在哈德里平原。」

阿波羅 15 號的太空人（由左至右）：大衛·史考特、艾爾·沃登與吉米·艾爾文。照片來源：*Courtesy of NASA, S71-37963*

登月艙剛好降落在一個小隕石坑的邊緣，導致登月艙呈傾斜狀態，一側的著陸墊落在地面上，另一側則是懸空的。而在他們下方，引擎罩因為撞到隕石坑邊緣而彎曲。

雖然他們還要幾個小時之後才會離開獵鷹號，但史考特還是爬上登月艙並打開頂部的對接艙門，探出頭去環顧一下四周環境。南方的哈德里山脈高4,600 公尺，比洛磯山脈的任何山峰都高。

「哦，景觀真好！這裡的地貌都非常平順。山頂是圓的，看不見尖角、鋸齒狀的山峰，目前似乎沒看見什麼巨石。」史考特朝這邊望望，往那裡瞧瞧，就這樣探頭看了半個小時，最後終於關上艙門說道：「外面有好多好多

阿波羅月球車

阿波羅計畫的籌畫人員很早就想到，如果希望太空人到登月艙步行距離之外的區域探索，那就得幫他們準備一輛車。因此，在阿波羅11號任務前三個月，他們就開始設計月球車。十七個月後，月球車正式上路。

月球車是以電池供應動力，折疊起來是一個1.5公尺寬、50公分厚的方塊。它就依附在登月艙的側邊，太空人瑟爾南形容它「就像綁在搬家貨車上的鋼琴」。將這個210公斤重的方塊放到月球表面後，可以在13分鐘內完成展開，變身為一輛蓄勢待發的月球車。

月球車的輪子不是一般輪胎，而是用金屬絲網做的，每個輪子都有一個強大的獨立驅動馬達。兩個座椅間有一個T桿控制器，駕駛員可以用它來控制速度和方向。月球車前方裝有攝影機，能透過傘形電視天線即時把訊號傳回地球。攝影機由在休士頓的工程師艾德·芬德爾控制，大家都叫他做「攝影隊長」。月球車也有自己的導航和通訊系統，可以在月球環境裡找路。岩石和相關設備都放在座椅後面的儲物空間。

太空人從來不曾將月球車駛出登月艙方圓10公里範圍，因為他們擔心萬一車子拋錨的話必須步行回去。不過，月球車一次也沒有拋錨過。楊恩在阿波羅16號任務期間創下月球車的駕駛速度紀錄是——時速18公里。

照片來源：*NASA, S71-00166*

東西。我可以一連講上好幾個小時。」

兩人在吃過晚餐後，掛上吊床，休息了五個小時。艾爾文說，這是他三天以來睡得最好的一覺。

7月31日，史考特爬出獵鷹號，踏上月球表面。他回憶道：「當我置身在哈德里這片神奇的未知之地，多少體悟到關於人類本質的一個真理：人必須持續探索，這正是最偉大的探索。」

這一次，工作人員不用拖著月球人力車在沙塵裡跋涉。獵鷹號下降艙裡藏著一部高科技運具——阿波羅月球車。

搖滾碰碰車

史考特拉了拉繩子，他們從獵鷹號的一側搬出月球車，並像摺紙車一樣展開它。當艾爾文還在適應在六分之一重力環境下行走時，史考特跳進月球車，開著它繞著登月艙轉了一圈。

把裝備搬上月球車後，兩人繫好安全帶（這是一定要的），展開他們的第一項艙外活動。

史考特說：「老兄，這趟車程真是顛簸得厲害啊，不是嗎？」

艾爾文深有同感：「從來沒有坐過震動這麼劇烈的車。」

當月球車開到時速 11 公里左右時，顛簸的程度之大，讓史考特不禁大叫起來：「天啊！哦，天啊！」

兩人沿著德利・德爾塔山前進，偶爾停下車採集樣本，沒多久就抵達巨大的聖喬治坑。他們在隕石坑附近停車，回頭望向獵鷹號和蜿蜒著穿過平原的深峻峽谷——哈德里月溪。

史考特驚嘆道：「這實在是太壯觀了！這是我所見過最美的事物。」

接著，他們繼續攝影並採集樣本，並在布署好這次任務的阿波羅月球表面實驗包後，結束第一次艙外活動。過程中，史考特在鑽採 3 公尺深層岩芯樣本時遇到困難，無法成功鑽出取得岩心所需的孔。

當兩人重回獵鷹號後，發現有多了一處漏水，使得上升引擎和所有電子

1971 年 7 月 31 日，阿波羅 16 號第一次艙外活動，太空人吉米・艾爾文把設備放上月球車。請注意照片裡的獵鷹號呈現往後側傾斜的狀態。照片來源：NASA, AS15-86-11601

月球樣本第 15415 號，起源石。照片來源：
NASA, S71-42951

設備周圍的地板上都是水，水量總共將近 11 公升。他們只好盡力在用餐和休息之前把它清理乾淨。

第二次艙外活動，兩人再次來到哈德利·德爾塔山。這一次，他們從停在平原處的登月艙驅車 5 公里，沿著山坡爬升 90 公尺。路上，他們在斯珀坑發現一塊布滿點點綠色玻璃的巨石。艾爾文用他的錘子敲下一塊。

半個小時後，艾爾文發現另一塊奇特的石頭，是一個大約拳頭大小的白色大型晶體。史考特笑著說：「猜猜我們發現了什麼？我認為我們已經找到此行想要找的東西！」

這塊白色的石頭是一塊四十一億年的斜長岩，屬於月球的原始地殼。由於我們的太陽系只有四十六億年的歷史，因此這可是一項了不起的發現。後來，媒體稱它為「起源石」。

在返回獵鷹號的路上，史考特再次嘗試鑽採岩芯樣本，可惜依舊沒有成功。

哈囉，地球！

．．．．．．．．．．．．．．．．

「哈囉，地球——這是來自奮進號的問候！」

當指揮與服務艙每一次繞過月球後方，重新與地球取得聯繫時，沃登都會說這句話。只不過，每次他都會用不同的語言，如西班牙文、阿拉伯文、德文、希伯來文等等。

沃登非常樂於和大家分享這次旅程，發射前還受邀到兒童電視節目《羅傑斯先生的鄰居》介紹太空人的生活。現在，他正駕駛太空船繞行月球，簡直是令他興奮到睡不著。

沃登有很多工作要做。例如，他用質譜儀查看月球是否有稀薄的大氣層（確實有，不過幾乎和沒有差不多），還用輻射探測器尋找火山活動產生的阿爾法粒子。此外，他還拍攝月球表面的高解析度影片，影片磁帶總長度超過 1.6 公里。

至於在月球上的史考特和艾爾文正展開第三次，也就是最後一次艙外活動。把裝備放上月球車後，太空人再次嘗試取出岩芯樣本。這次成功了，他們一起拉出取樣管以及 2.5 公尺長的月球土壤。地質學家後來在樣本中發現五十八層物質，包括太陽發射的粒子。

接下來，他們開車前往哈德里月溪。當他們走近，他們看見這不到 1 公里寬的山谷在對側有不同的土壤層。他們把車停在月溪附近，採集岩石樣本，這時月球車的攝影鏡頭跟著他們的身影移動。

太空艙通訊員喬・艾倫問道：「我想請問一下，你們現在站的地方……離月溪邊緣有多遠？你們看起來好像站在懸崖邊上。」他擔心他們跌入 300 公尺的深谷。不過事實上，月溪邊緣處是緩坡。

回到奮進號，史考特寄了一封信。他一邊說，一邊為信封上的郵票蓋上郵戳：「有這個機會在這

1971 年 7 月 31 日，大衛・史考特與月球車，後方是哈德里月溪。照片來源：NASA, AS15-85-11451

1971 年 8 月 2 日，在月球上的雕塑作品〈隕落的太空人〉，卡片上的名字包括：泰德·費里曼、查理·巴賽特、艾利略·西伊、格斯·葛里森、羅傑·查菲、艾德·懷特、弗拉基米爾·科馬洛夫、艾德華·季文斯、克里夫頓·威廉斯、尤里·加加林、帕維爾·貝列亞葉夫、喬奧吉·多布羅沃斯基、維克多·巴沙耶夫、弗拉迪斯拉夫·伏科夫。照片來源：*NASA, AS15-11894*

裡擔任郵差，我覺得非常自豪。還有哪個地方會比哈德里月溪更適合蓋郵戳呢？」

然後，史考特為電視機前的觀眾做了一項實驗，目的是驗證 1590 年代末誕生在義大利的一個理論。史考特說：「我的左手拿著一根羽毛，右手拿著一把錘子。我們今天之所以要來這裡做實驗，是因為很久以前有位名叫伽利略的紳士，他對於自由落體運動有一項相當重要的發現。我們想的是，還有哪裡會比月球更適合驗證他的發現呢？所以，我們想在這裡為大家試驗看看，而這根羽毛恰好是獵鷹的羽毛。」

史考特手上拿的是一根獵鷹羽毛（羽毛主人是美國空軍學院的吉祥物巴金，一隻訓練精良的獵鷹），他的另一手拿的是一把地質錘。史考特繼續說：「我要在這裡讓它們落下，但願它們同時落地。」由於在真空狀態下，沒有空氣阻力減緩羽毛降落，兩樣東西落下的速度果然完全相同。他說：「太令人興奮了！各位，伽利略的發現是正確的。」

接下來，史考特跳上月球車，開到 90 公尺外的一座小山丘，這樣一來，月球車的攝影機就可以拍攝當天稍晚要起飛的獵鷹號。車停好後，他放置一個 8.5 公分高的鋁製人像和一張卡片，卡片上列出美蘇兩國在太空競賽中喪生的十四位太空人。這件雕塑是比利時藝術家保羅·汎霍伊東克的作品，名稱

是〈隕落的太空人〉。在看見史考特拍攝的照片之前，任務控制中心大部分的人並不知道他帶著這件作品出任務，也不知道他把它留在月球。

史考特停好月球車時，艾爾文發現自己有 15 分鐘的空閒時間。艾爾文回憶道：「我覺得是該放鬆的時候，所以就繞著登月艙跑了幾圈，並試著在隕石坑裡跳躍，感覺像個在下課時間的孩子。」

太空人把重達 77 公斤的岩石和樣本裝進登月艙之後，為了減輕太空船的重量，其他東西能丟就要丟，如背包、空食品容器和成袋的排泄物。休士頓時間午後 12 點 11 分，獵鷹號從月球起飛。兩個小時後，機組人員完成登月艙及指揮與服務艙的會合與對接。他們一面把岩石、實驗設備、相機和底片搬進指揮與服務艙，一面從獵鷹號拿了一些紀念品，如工作燈和其他小零件。

不過，他們在匆忙中忘記帶走一些個人物品，包括結婚戒指、紀念章、旗幟和一包 2 美元鈔票——隨著上升艙脫離奮進號並撞擊月球，這些東西都一去永不復返。

慶祝與醜聞

· · · · · · · · · · · · · · · ·

阿波羅 15 號繞行兩天，機組人員拍攝了照片，並發射一顆小衛星。這顆衛星接下來這一年會繞行月球，協助研究月球磁場。

8 月 4 日，他們準備返航。太空艙通訊員艾倫說：「準備揚帆回家。我們預測天氣良好，順風強勁，大家會在碼頭等你們。」並准許機組人員進行

羽毛的自由落體運動

在以下活動中，你要像史考特一樣重建伽利略的重物與輕物自由落體運動，不過，不是像史考特一樣用羽毛做實驗——畢竟你不是身在真空環境。

請準備：

◆ 重物（如棒球或其他不會摔破的物品）

◆ 輕物（如小螺絲）

1. 找一個適合實驗的安全地點，如二樓的窗戶，或是可以俯瞰草坪或人行道的陽臺（請務必找大人陪伴身旁，小心安全）。

2. 比較一重一輕兩個物體。你認為其中一個會比較快落地嗎？

3. 確認沒有人在下面後，放手讓兩個物品同時掉落，並觀察它們落下的情況。

4. 哪一個先落地？多試幾次，看看結果是否相同。

延伸活動：

在 YouTube 上搜尋史考特用錘子和羽毛在月球上做實驗的影片。

月地轉移。

返航途中，沃登執行人類有史以來第一次的深太空艙外活動，取回安裝在指揮與服務艙外的攝影機和實驗物品。艾爾文寫道：「當我們打開艙門，就像打開一部真空吸塵器，任何沒有固定好的東西都被吸向太空。艙內所有東西都開始飄，我的牙刷飄了過去，後來一直沒找到它。有臺相機飄了過來，有人趕緊抓住。我們到處跳來跳去，努力抓住那些重要的東西。」幸好，他們沒有失去任何有價值的東西。

雖然太空人當下並不知道，不過他們還有一項了不起的發現。返航途中，他們對廣懋無垠的太空進行 X 光掃描。天文學家後來在掃描結果裡發現一個黑漆漆的「洞」，彷彿附近所有光線都被它吞噬了一般。這是黑洞存在的第一個證據。

8 月 7 日，太空人被無線電中傳

來的「夏威夷戰歌」喚醒。沖繩號航空母艦在歐胡島以北 450 公里處待命，準備進行奮進號的回收行動。當指揮艙穿越雲層而下時，它的三副降落傘只有兩副成功張開，導致下降速度過快，還差點撞上救援直升機。由於沃登在降落時必須傾洩所有剩下的推進器燃料，因此推測降落傘可能是被燃料噴濺而造成損壞。搭乘過阿波羅 9 號的史考特認為，這次撞擊洋面的強度是他之前感受到的兩倍。不過無論如何，機組人員平安到家了。

NASA 從這次飛行任務開始取消隔離措施，因此機組人員可以直接走出太空艙，不用穿著生物隔離衣和呼吸器。艾爾文回憶道：「我上了救生艇。哇，太棒了！這一切是如此溫暖而美好。我做的第一件事，就是捧起海水把臉沾濕。迫不及待想要感受來自地球上的水和空氣。」

阿波羅 15 號任務被公認是美國太空航行的里程碑，也是太空科學研究的卓越進步。但是還不到一年，這項任務就因醜聞而蒙上陰影。

在太空船出發之前，有德國集郵商向史考特提議：他會讓史考特隨身攜帶四百個貼好郵票的首日封，讓他在登陸月球期間蓋上郵戳並簽名。返回地球後三名太空人各保留 100 個首日封，集郵商保留最後那 100 個。代價是為每名太空人設立 6,000 美元的家庭獎學金，供他們的孩子使用。原本約定這些首日封在太空人離開 NASA 之後才會出售，但集郵商卻立刻高調的開始販售，導致整件事在媒體上曝光。

最後，三名太空人被傳喚到美國參議院接受質詢，他們為自己的行為致歉，但太空人的職涯依舊走到了盡頭。事實上，從水星計畫以來，許多太空人都曾經參與過類似的商業行為，甚至時至今日可能依然如此。

1971 年 8 月 7 日，阿波羅 15 號濺落時，有一副降落傘沒有順利張開。照片來源：NASA, S71-41999

這次任務還發生一件更嚴重的危機，不過幸好沒有釀成悲劇。艾爾文在第一次登月艙艙外活動期間，出現脫水狀況，而且有輕微的心臟病發作症狀。控制中心沒有告訴艾爾文這件事，所以他在不知情的狀態下，繼續進行兩次月球艙外活動，還與沃登一起做深太空艙外活動。要是他當時再次心臟病發作，可能會危及所有機組人員的生命。

阿波羅 16 號

　　當阿波羅 16 號太空人杜克抵達發射臺時，發現太空艙裡他的座位上貼著一個標籤，上面寫著「傷寒瑪麗專用座」（瑪麗是在 1900 年代初期，生活於美國紐約的愛爾蘭裔移民，她是一名傷寒桿菌帶原者，在無意間造成傷寒的大規模傳播）。阿波羅 13 號任務時，後備機組人員杜克感染德國麻疹，導致麥丁利成為接觸者而被踢出任務名單。

　　三名太空人都笑了，指揮艙駕駛員麥丁利尤其笑得開心——他終於還是和杜克一起執行阿波羅 16 號任務。任務指揮官是楊恩。太空人把他們的指揮艙取名為「卡斯柏」，因為他們認為自己穿上登月太空裝，看起來很像電影《鬼馬小精靈》的主角；登月艙的名字則是「獵戶座」。

　　阿波羅 16 號的目的地是笛卡兒高地，地質學家希望在那裡找到火山活動的證據。太空人還要駕駛月球車，探索登陸點周圍的隕石坑和山丘。

　　杜克回憶道：「隨著發射倒數計時，楊恩看起來很平靜，畢竟這是他的

第四次太空飛行，麥丁利和我則一樣緊張，全神貫注盯著面前的儀表板」。12 點 54 分土星 5 號發射時，楊恩的心跳速率幾乎沒有變化，杜克的心跳速度卻足足增加了一倍。

稍後，太空人度過在太空艙中的第一晚。準備入睡時，杜克打開他的飛行計畫，發現兩個兒子的兩幅蠟筆畫。大兒子在畫畫旁寫著：「我們愛你」；小兒子則是祝他：「一路平安回家」。還有一張卡片是來自他的妻子，她寫道：「當你望著月亮和星星時，請記住，我們正在看著同樣的月亮和星星，並與你緊緊相依。」

為期三天的月地移轉平靜無事，不過麥丁利在一次上廁所時，不知怎麼的弄丟了結婚戒指。此外，太空人不斷聽到無線電裡有個神祕男子，用西班牙語和情人說話。大家始終查不出這聲音是從哪裡來的。

4 月 19 日，阿波羅 16 號進入月球軌道。第二天，獵戶座號從卡斯柏號脫離，楊恩和杜克準備登陸月球。兩艘太空船這時正在月球背面航行，距離還不是很遠，就在獵戶座號啟動下降引擎幾分鐘後，麥丁利注意到指揮與服務艙出現狀況，於是趕緊要楊恩停下來。

麥丁利測試指揮與服務艙的引擎系統時，艙體出現搖晃。如果指揮與服務艙的引擎發生嚴重問題，機組人員需要登月艙的下降引擎才能返航。

任務控制中心通知機組人員，在他們調查出問題前，請先留在軌道上。太空艙通訊員說：「請做好心理準備，這次可能要『揮揮手』。」在 NASA，

阿波羅 16 號的機組人員（由左到右）：肯・麥丁利、約翰・楊恩和查理・杜克。照片來源：*NASA, S72-16660*

這句話的意思就是「任務可能會取消」。

杜克回憶道：「我們的心情頓時沉到谷底。經過兩年訓練、飛行 38 萬公里來到這裡，離著陸只有一個小時……結果聽到控制中心打算叫你掉頭回家。」

接下來的六個小時，獵戶座號與卡斯柏號一起繞月球飛行。NASA 進行模擬以確認情況，並判斷這是否會構成危險。當阿波羅 16 號第十五次從月球後方出現時，任務控制中心才做出決定。太空艙通訊員宣布：「你們可以再次進行 PDI。」他們終於獲准著陸。

太空垃圾

太空人總會被詢問各式各樣的問題，其中最常被問到的是：「在太空裡，你們要怎麼上廁所？」

這可不是件容易的事。在阿波羅任務期間，太空人排便時會用一個塑膠袋，袋口周圍有一圈膠帶。他們要脫下太空衣，把袋子貼在屁股上，然後排便。麻煩的事，太空中沒有重力，糞便不會自己掉下來。杜克回憶說：「你在飄浮、袋子在飄浮，所有東西都在飄浮！」太空人得把糞便推進袋子，然後在袋子裡加入殺菌劑，揉捏均勻後存放起來，返回地球後供醫師研究。

排尿就稍微輕鬆一些。太空人會用一條接到太空艙外的軟管。轉動軟管上的閥門就會產生吸力，把尿液吸到太空。杜克回憶說：「尿液進入外面的真空環境時，會化為細小的晶體，反射出數百萬條小小彩虹，構成一片繽紛的迷霧，那景象真是美得不可思議。這些五顏六色的彩虹會包圍著我們的太空船，幾分鐘後，冰晶才飄進太空，然後消失無蹤。」

「小菜一碟」
·················

就像之前的任務一樣，阿波羅 16 號在登陸時揚起滾滾塵土。杜克回憶道：「當我們下降到 6 公尺的高度時，我望向窗外……視線完全被揚塵遮蔽。」楊恩則沒注意到飛揚的塵土，他的眼睛盯著獵戶座的影子。隨著太空船離影子愈來愈近，他知道自己也愈來愈接近月球表面。

接著，杜克喊道：「著陸！」

楊恩在心裡默默完成倒數後關掉引擎，太空船在離地面幾十公分處落下。

兩位太空人迅速檢查登月艙。楊恩看看窗外，然後用輕快得像是在哼歌的語調說：「好的，休士頓，我們不必走太遠就能採集岩石。」對他來說，這次著陸不過是「小菜一碟」。

比起楊恩的淡定，杜克的反應完全相反——他無法克制的大呼：「太棒了！『精準先生』（這是他給楊恩取的綽號）在笛卡兒平原完美落地。」杜克從外面的隕石坑來判斷，發現他們距離著陸目標應該只有幾公尺遠。

這是漫長的一天。任務控制中心要他們完成各項工作、用餐、休息。第二天早上，楊恩爬出獵戶座號，步下梯子。他踏上月球後，踩著地面的塵土一邊說道：「我們來了，充滿未知的笛卡兒高地平原。阿波羅 16 號將揭開你的神祕面紗。」

杜克迫不及待的說：「我來了，寶貝！」他說完，扭動著穿出艙口，跳上梯子，大喊：「哇！真是太棒了！」

兩人迅速展開月球車，把設備裝上車，並架好美國國旗。杜克帶著相機

離開登月艙，請楊恩做一個跳躍敬禮（參見第 180 頁）。1 分鐘後，任務控制中心用無線電告訴太空人，國會已經批准 NASA 的預算，其中包括新計畫的資金，也就是「太空梭計畫」。

楊恩和杜克開始布署阿波羅月球表面實驗包。就像杜克的描述，每項實驗都用一個「裝滿電纜的義大利麵碗」連接到中央站。其中一條電纜纏到楊恩的靴子，他一不小心就把熱流實驗的電纜扯掉了。

楊恩不安的說：「對不起！我完全不知道纏到靴子……我真的不知道。……哎呀，它一定完了。」

除了繼續，沒有其他辦法。太空人坐上月球車向西開去。他們經過普魯姆隕石坑、史波克隕石坑、旗幟隕石坑、巴斯特隕石坑，沿途採集樣本，然後沿著原路返回獵戶座號，結束這一天。

在水星計畫期間，因為心臟問題沒有機會進入太空的史雷頓，在太空人用完晚餐、準備休息時，接手太空艙通訊員的職務。他說：「那裡聽起來像是全世界最適合睡覺的地方。我真希望我能和你們同在。」

杜克回答：「我們也這麼希望，長官。」

1972 年 4 月 21 日，阿波羅 16 號第一次艙外活動，查理·杜克在普魯姆隕石坑。照片來源：NASA, AS16-114-18423

石山與屋岩
· · · · · · · · · · · · · · · ·

第二次艙外活動，太空人前往南方約 6 公里的石山山頂。月球車的優異性能讓杜克嘖嘖稱奇，他說：「上石山時，我們感覺自己好像快要從座位後方掉出去了，那個坡度實在非常陡峭。」

到了山頂，他們回頭瞭望下方 150 公尺的谷地，那裡散布著隕石坑和巨石。杜克回憶道：「太棒了，月球表面與幽暗太空形成一條清晰的分界，而登月艙就座落於山谷中央。這是戲劇化的一刻，讓人不禁讚嘆月球之美。」

返回獵戶座號休息一段時間之後，太空人開始他們的第三次、也是最後一次艙外活動。他們要前往的目的地，是前一天在石山上看見的北射紋線坑。

北射紋線坑是一個又大又深的隕石坑，楊恩把月球車開到坑口，他說：「老兄，這個坡已經陡峭到像堵牆了吧？」。

「他們說有 60 度。」杜克回答。

「我已經盡可能靠近邊緣了，但還是看不見它的底部。」楊恩說。

在月球車的攝影鏡頭下，太空人看起來非常靠近坑口，任務控制中心有些人擔心他們可能會跌進去。地面控制人員來回轉動攝影機，地質學家注意到遠處有一塊大岩石，他們要求太空人去採樣。

又一次，距離會騙人。杜克回憶道：「我們一開始以為只是一塊大岩石而已，就朝著它一直走、一直走。但愈走愈近，發現它愈來愈大。」透過鏡頭，太空人愈靠近這塊岩石，他們的身影看起來就愈小。這塊他們稱為「屋岩」的岩石，足足有 28 公尺寬，13 公尺高，真的是巨大無比。

1972 年 4 月 23 日，在月球上的杜克全家福照片。照片來源：NASA, AS16-117-18841

楊恩拿起錘子敲下一大塊。等到返回地球，地質學家會用它證明，月球表面並不像地球那樣是從火山形成的。

回到獵戶座號後，楊恩和杜克開始收拾打包。杜克在登月艙外又待了一會兒，從口袋裡掏出一張用塑膠袋包好的照片。這是一張他的全家福照片，裡頭是他、他的妻子，以及分別是七歲和五歲的兩個兒子。他在照片背面寫道：「這是來自地球的太空人杜克的家人。1972 年 4 月，登陸月球。」四個人都在照片上親筆簽名。杜克把照片放在月球土壤上，然後返回登月艙。

太空人一直密謀表演特技──月球奧運會，但是他們的時間所剩不多。儘管如此，杜克還是嘗試展示他能跳多高。他上下跳了幾次，結果最後向後翻倒。

杜克說：「我遇到麻煩了。你可以看見，我拚命想要保持平衡。最後我右側著地，彈起後躺在地上。我的心臟跳得很厲害，如果太空衣裂開，我必死無疑。」

楊恩衝過去把杜克扶起來，說道：「杜克，這樣做不太聰明。」

杜克很不好意思的說：「確實不太聰明，我很抱歉。」

獵戶座號在月球表面停留七十一個小時之後離開月球。與卡斯柏號對接後，機組人員又繞行月球一天。按照任務的規畫，他們原本要做兩天的軌道飛行，但是他們擔心服務推進系統引擎的狀況，於是提前離開。杜克解釋說：「如果真的遇到問題，你在空中等得愈久，你用來想補救辦法的時間就愈少。」

返航途中，麥丁利進行一次艙外活動，取出服務艙攝影機的底片。爬出

艙門後，杜克站在他身後幫忙。然後，杜克看見一個閃閃發亮的東西從艙口飄出來，彈到麥丁利的頭盔後落下。杜克一把抓住，這是麥丁利之前掉的婚戒！當麥丁利回到太空艙時，杜克故作平靜的說：「麥丁利，我有東西要給你。」

1972 年 4 月 27 日，卡斯柏號返回地球。它濺落在太平洋，距離提康德羅加號航空母艦 1.6 公里。他們帶回數千張照片、實驗成果以及 96 公斤重的岩石和土壤樣本。

這是又一次成果輝煌的阿波羅任務。然而，它在美國的收視率很低。從一開始就積極記錄太空競賽的《生活》雜誌，甚至沒有這次任務的相關報導，只刊出兩張阿波羅 16 號照片，而且同一版面上，放的是尼克森總統夫人戴著殖民時期風格帽子，在北卡羅來納民俗節使用洗衣板的照片。

1972 年 4 月 23 日，獵戶座號的下降艙發射，由月球車的攝影機所拍攝。*照片來源：NASA, S72-35613*

阿波羅 17 號——序幕的尾聲

阿波羅 17 號是阿波羅計畫的最後一次登月任務，指揮官瑟爾南希望它能留在世人的記憶裡。在發射前的幾個月，瑟爾南不斷和媒體打交道。從採訪、拍照到私人導覽，瑟爾南給媒體任何他們想要的東西，並且保證這一次將是目前為止最棒的飛行。他說：「阿波羅 17 號可能是最後一次登月飛行，不過這不是結束，而是序幕的尾聲。」

阿波羅 17 號的機組人員：金恩‧瑟爾南（坐者）、傑克‧施密特（站立者，左）和隆恩‧伊凡斯。照片來源：NASA, S72-50438

在阿波羅計畫的最後一次任務中，第一次有地質學家擔任機組人員，那就是登月艙駕駛員施密特。這位大家口中的「石頭博士」，是少數獲准使用先前任務所採集月球樣本做實驗的其中一人。有一次，施密特建議阿波羅 17 號應該嘗試在月球的另一側著陸，並透過月球軌道衛星與休士頓通信。然而，這個構想不但成本昂貴，而且危險。最後，NASA 的籌畫人員只好要求他不要再拿這件事煩他們，因為在當時，這根本是不可能的任務。

擔任指揮艙駕駛員的是伊凡斯。這位越戰退休軍人不僅表現優異，而且具有強烈的愛國情操，因此在 NASA 贏得「美國隊長」的稱號。機組人員把指揮艙命名為「美國號」，也是再自然不過的選擇；登月艙則被取名為「挑戰者號」，取自 19 世紀同名的研究船。

阿波羅 17 號預定發射日的前幾個星期，NASA 得到一個消息：在 1972 年慕尼黑奧運會殺害十一名以色列運動員的恐怖組織「黑色九月」，揚言威脅要在阿波羅 17 號前往月球時，襲擊太空人的家人。這件事當時未曾被披露，但是太空人的妻子和孩子都受到全天候的嚴密保護，直到任務結束。

夜間發射升空

．．．．．．．．．．．．．．

　　阿波羅計畫的最後一次太空船發射，吸引超過一百萬觀眾前來觀看。原訂發射時間是 1972 年 12 月 6 日晚間，不過由於一些技術問題，而延遲發射幾個小時，最後太空船在 12 月 7 日凌晨 12 點 33 分起飛。

　　當土星 5 號啟動引擎時，播音人員高聲說道：「它照亮了整個天空！甘迺迪太空中心就好像是大白天！」太空人的家人也在附近觀看，明亮的橙色火焰、震耳欲聾的聲響，連河裡的魚都被驚嚇到跳出水面。就連遠方的北卡羅來納州，都可以看見阿波羅 17 號發射升空時發出的光芒。

　　阿波羅 17 號飛往月球的三天航程裡，幾乎沒有遇到任何問題。唯一讓瑟爾南抱怨的是，觀察力敏銳的科學家施密特一路上講個不停。施密特不僅詳細描述地球的形成和天候模式，甚至還說：「嘿，那個是南極洲。那裡都是雪！」等到太空船的飛行好不容易已經遠到沒辦法看清楚地球，施密特又開始喋喋不休的討論正快速接近的月球。

　　12 月 10 日，美國號進入月球軌道。挑戰者號預訂在第二天降落月球表面。瑟爾南承認這次登陸深具挑戰性，他解釋道：「我們將降落在一個三面高山環繞、比美國大峽谷還要更深的谷地。也就是說，我們將被高達 2,000 公尺的山脊所包圍。」他們的右邊是北中央脊，左邊是南中央脊，而前方 4.8 公里處則是家庭山。

　　下降時，瑟爾南從電腦駕駛切換為人工駕駛。瑟爾南回憶道：「在那之前，我很早就和施密特說過，『施密特，不要跟我說話，我不需要你給我的資訊。』

1972 年 12 月 7 日，時間剛過午夜，阿波羅 17 號發射升空。照片來源：*NASA, S72-55070*

我知道他一直在喊著燃料沒了，還有其他有的沒的狀況。但是到了那個時候，我不需要聽到任何事情。」

休士頓時間下午 1 點 54 分，挑戰者號下降最後幾十公分落地。此時，第一次參加任務的施密特卻連一句話都說不出來。

瑟爾南用無線電說：「好的，休士頓，挑戰者號已經降落。」太空艙通訊員向他們祝賀。瑟爾南轉頭對施密特說：「當你說關掉引擎時，我關掉引擎，然後我們就落地了，不是嗎？」

施密特說：「沒錯，我們到了。」

瑟爾南笑著說：「我們真的到了。」

在陶拉斯—利特羅谷

著陸四個小時後，瑟爾南走出挑戰者號，他說：「休士頓，當我踏上陶拉斯—利特羅谷，我們希望把阿波羅 17 號的第一步，獻給所有讓這件事得以實現的人。」

幾分鐘後，施密特跟著出艙。他巡視周圍的山丘和隕石坑說：「如果世上有地質學家的天堂，那麼肯定就是這裡。」

沒多久，敬畏之心被興奮之情所取代。石頭博士哼唱著：「哦，不要把我埋在孤獨的草原上！不要把我埋在那個郊狼嚎叫、強風吹拂的地方！」施密特一邊唱歌，一邊在月球車翻找他們帶來的國旗。這可不是普通的美國國旗，它曾經跟著阿波羅 11 號上月球，之後一直被掛在任務控制中心。現在，它是阿波羅任務最後一次登月的標記。

　　插好國旗後，太空人開始布署阿波羅月球表面實驗包。瑟爾南的石錘不小心敲到月球車，敲斷了車身右後方的擋泥板。等到他們開車上路時，車輪捲起的月球土壤就不斷噴在他們身上。

　　他們的第一次艙外活動，是前往登月艙南邊車程不遠的斯坦諾隕石坑。瑟爾南跟著施密特一起唱著歌，在月球表面搜尋樣本。

　　在艙外活動七個小時之後，太空人返回挑戰者號用餐和休息。但瑟爾南根本不想睡，他說：「來到月球上，誰還會想睡呢？這正是你好好思考許多事情的好時機。想想你來到這裡的所見所聞，想想你所在的這個地方。」

　　第二天早上，太空人用四張月球地圖、螺絲夾和膠帶修復月球車的擋泥板。然後，他們朝向西南方 8 公里處雄偉的南中央脊出發，之後沿著一個叫做玉米片平原的地區返回。途中，他們在矮子月坑稍做停留。在那裡，施密特有個重大發現，而且完全是出於偶然。

　　瑟爾南下車拍照時，施密特則是在尋找有趣的岩石。他突然注意到，自己留下的腳印有些奇特之處。

　　施密特喊道：「哦……嘿！有橙色的土壤！」

　　瑟爾南的反應很平淡：「好，在我看見之前不要動它。」

1972 年 12 月 12 日，矮子月坑的橙壤。照片
來源：NASA, AS17-137-20990

施密特繼續說：「到處都是，橙壤！」

瑟爾南又說了一次：「在我看見之前不要動它。」

施密特回答：「我只有用腳攪它。」

瑟爾南終於看見施密特發現了什麼：「嘿，原來如此，我看見了！」

施密特喊道：「是橙壤！」

兩位太空人都很清楚，橙壤可能是他們正在尋找的火山證據，也許矮子月坑不是隕石坑，而是火山口。瑟爾南把一根 1 公尺長的管子敲進土壤裡，採集岩芯樣本。根據後來回到地球做的分析顯示，這些橙壤來自「火噴泉」，也就是三十七億年前熔岩流的氣體噴發。這些物質隨後被熔岩沉積物所掩埋，直到隕石撞擊而形成矮子月坑時，才把橙壤推到月球表面。

第二天，太空人第三次駕駛月球車，這次的目標是前往北中央脊。一如之前的行程，施密特沿著路線放置手榴彈，再由任務控制中心引爆，以測試月球地殼。

在三次月球車艙外活動期間，太空人一共行駛 35.7 公里，採集到 115 公斤的岩石。回到地球後，其中有一塊玄武岩成為「親善月石」，它被敲成許多小塊，分送給美國各州及世界一百三十五個國家。

瑟爾南向電視觀眾解釋道：「每一小塊岩石的大小和形狀都不一樣，但它們都是同一塊更大岩石的一部分。我們希望能與全世界這麼多國家分享這塊岩石，因為它象徵著全人類對共同團結、追求和平與和諧未來的期盼。」

最後，瑟爾南把月球車開到離挑戰者號一段離處停好。在走回挑戰者號之前，他彎下身，用戴著手套的手指在月塵裡寫下女兒的姓名縮寫「TDC」。

藍色彈珠

1972 年 12 月 7 日，太空人施密特透過阿波羅 17 號指揮艙的窗戶，為地球拍下一張彩色照片。這張從 29,000 公里外拍攝的照片，拍到的是非洲大陸、阿拉伯半島和南極洲。由於鏡頭下的地球看起來如此圓滿，這張照片被稱為「藍色彈珠」。

即使是太空人，也只有少數的幸運兒能看見這樣的景觀。瑟爾南說：「當你回望地球，它的周圍是一片你不曾見過深邃與黑暗，讓你感受到時間與空間的無盡。這幅景象有一股強烈的衝擊力，創造出一種超乎現實的感受。在那一刻，你對自己有了全然不同的認識，渴望能讓每個人都站在你的身邊，感受你所感受的這一切。」

時至今日，很少人不曾看過這張照片。「藍色彈珠」被公認是人類歷史上重製最多次的照片。

照片來源：NASA, AS17-148-22727

接下來，是離開的時候了。在爬上梯子之前，瑟爾南說：「我們將從陶拉斯—利特羅谷離開月球。願上帝保佑我們，讓我們順利帶著全人類的和平與希望返回，一如我們來的時候。願阿波羅 17 號的機組人員平安。」

製造隕石坑

研究月球的科學家能夠根據隕石坑的大小，推論出是什麼隕石撞擊月球表面。現在，你也可以辦到！

請準備：
◆ 白麵粉
◆ 可可粉
◆ 篩網
◆ 錫箔派盤
◆ 彈珠或圓形物體（有大有小）

1. 在派盤上撲滿麵粉，把表面抹平。
2. 用篩網把可可粉過篩在麵粉上，覆蓋大部分表面。
3. 接下來的步驟會讓現場變得髒亂，建議移到戶外進行。
4. 從至少30公分高的地方，讓不同大小的圓形物體落入派盤。
5. 觀察不同大小的物體在麵粉和可可粉表面砸出的圓坑。它們的形狀如何？它們有環形的輪緣嗎？飛濺出來的材料到哪裡去了？

延伸活動：

把你的隕石坑與本書的月球隕石坑照片做比較（第99、115和148頁）。兩者看起來是否相似？

最後一次返航

1972年12月14日，休士頓時間下午4點55分，挑戰者號從月球升空，兩個小時後與美國號會合。當機組人員將樣本和設備轉移到指揮艙時，任務控制中心打斷他們的工作，宣讀尼克森總統發來的訊息。

「當挑戰者離開月球表面時，我們意識到的不是我們放下的事物，而是我們前方的事物。」這是開頭，接下來是尼克森總統對於人類希望的想法：「這可能是本世紀人類最後一次在月球上漫步，但是太空探索的工作會繼續進行，太空探索的利益會繼續留存，我們還有新的夢想持續追尋。」

訊息還沒讀完，施密特就已經聽不下去了。

施密特對於總統最後一次登月的說法非常不滿，他回憶道：「我認為

這是總統所說過最愚蠢的話。你可能會在心裡相信這些話，但是為什麼要對全世界的年輕人這麼說……他完全沒有必要說這些。不管這份講稿是誰寫的，全篇就砸在這句話上。我真的很難過。我感到疲倦、生氣，以及極度的沮喪。」

阿波羅 17 號又繞行月球兩天。在三名太空人之外，太空船上還有五名隨行乘客。牠們是五隻老鼠，此行目的是測試宇宙輻射對生物的影響。其中四隻健健康康的活著回到地球，第五隻的死因則始終無法確定。

在返航途中，伊凡斯進行一次艙外活動，取出服務艙攝影機的底片。因為電視正在轉播太空漫步，伊凡斯在鏡頭前向他的家人問好。

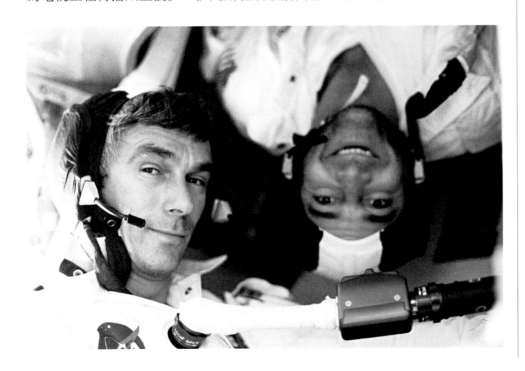

1972 年 12 月 19 日，指揮官金恩・瑟爾南（左）與隆恩・伊凡斯。照片來源：NASA, AS17-162-24053

209

他一邊說，一邊對著鏡頭揮手：「嘿，這太棒了！講到當太空人——就是這麼一回事……哈囉，媽媽！」然後，對他的孩子大喊：「哈囉，珍。嗨，約翰——你好嗎？嗨，傑米！」伊凡斯用攝影機拍攝月球和地球的影片，直到太空艙通訊員要他進艙去。

後來他回憶道：「我對艙外活動相當自得其樂。在沒有母艦的安全和保護下進行艙外活動，不管如何你都得堅持下去。如果你想成為太空人，就該那樣做！」

留在月球上的阿波羅 17 號登月紀念牌，上面寫著：「人類完成對月球的第一次探索，願我們帶來的和平精神與全人類同在。」
照片來源：NASA, 72-H-1541

1972 年 12 月 19 日，阿波羅 17 號在太平洋濺墜。提康德羅加號航空母艦在 5 公里外等待。巧的是，伊凡斯在越南服役期間，派駐的航空母艦就是提康德羅加號。

在提康德羅加號的甲板上，瑟爾南對船員們發表談話：「有一條最根本的自然法則，那就是：不成長，就死亡。無論對一種思想、一個人、一朵花或一個國家而言，都是如此。感謝上帝，我們的國家選擇成長。」

機組人員返回休士頓時，伊凡斯的妻子前來接他，一家人一起開車回家。她回憶道：「從街口到我們家門前，街道兩旁盡是國旗飄揚。有人騎著馬、扛著旗幟，孩子在單車或三輪車上繫著紅、白、藍三色彩帶。每個人都覺得自己是這個計畫的一分子，是這個群體的一分子，他們為此而感到自豪。」

後記
阿波羅計畫的尾聲

　　儘管登月任務在 1972 年結束，不過 NASA 還是在多次飛航裡，運用歷次登月任務所開發的技術。阿波羅 20 號任務被取消時，NASA 發現他們還有一具備用的土星 5 號。火箭只需要前兩節就可以進入地球軌道，因此 NASA 研擬了一項計畫，把第三節火箭改裝成繞行地球的太空站——「天空實驗室」。

　　天空實驗室總共執行過三次任務，每次任務都有三名太空人到訪。1973 年 5 月 14 日，太空站在沒有載人的情況下發射升空。發射 1 分鐘後，它的流星體防護罩震盪鬆脫，造成一組太陽能電板損壞。一個缺乏防護罩和電力的太空站，似乎注定難逃毀滅的厄運。

　　NASA 隨即展開天空實驗室救援工作，天空實驗室 2 號任務由阿波羅 12 號的康拉德擔任指揮官，帶領機組人員修復防護罩與電力，並在太空站停留了二十八天。天空實驗室 3 號任務是由比恩所領導，停留時間是天空實驗室 1 號任務的兩倍。天空實驗室 4 號任務則持續八十四天，也就是將近三個月的時間。

　　第三批太空人離開天空實驗室後，NASA 決定不再維持這座太空站。它在無人居住維護的狀態下運行至 1979 年 7 月 11 日，在繞行地球 3,896 圈之後，終於被地球引力拉進大氣層，損毀的碎片墜落在澳洲西部的埃斯佩蘭斯鎮附近。

阿波羅計畫的最後一次相關任務，恰如其分的為太空競賽畫下句點。1969 年末時，蘇聯和美國就已經開始討論如何在緊急情況下營救對方的太空人。在阿波羅 13 號發生事故，以及聯盟 11 號的三名太空人喪生之後，雙方更加認真看待協商，因而催生出「阿波羅—聯盟測試計畫」。

　　這個計畫的目標，是要讓兩國的太空船在太空中會合和對接。要完成這項計畫，不只需要能夠連結雙方太空船的對接器，更需要雙方太空人的相互合作。

　　蘇聯挑選出兩名太空人，分別是「太空漫步第一人」里奧諾夫，以及瓦列里·庫巴索夫。美國方面則挑選史塔福擔任指揮官，再加上兩名新太空人，他們分別是布蘭德和五十一歲的史雷頓。

　　關於史雷頓的健康狀況，出現一個神奇的轉折。1970 年時，他服用維他命治療感冒，竟然意外治好心臟問題。於是，自從在水星計畫被下令停飛的他，在接受各式各樣的醫學檢查之後，終於重新回到太空人候選名單上。

　　兩艘太空船都在 1975 年 7 月 15 日發射升空。阿波羅太空艙到達軌道時，史雷頓大叫：「呦呼，我愛死這種感覺了！我從來沒有感到這麼自由過！」兩天之後，太空船完成對接並開啟艙口。

　　史塔福熱情的用俄語喊道：「朋友，快請進！」

　　里奧諾夫則用英語回答：「非常、非常高興見到你們。你們好嗎？」

　　雙方交換了禮物，在接下來的兩天裡，一起用餐，也一起做實驗。在這段期間，傑拉德·福特總統還曾一度與機組人員通話。

藝術家描繪阿波羅與聯盟太空船在軌道對接的景象。照片來源：NASA, S74-24913

準備執行他的第一次太空飛行任務的迪克·史雷頓。*照片來源：NASA, S74-15240*

福特總統問史雷頓：「身為全世界最老的菜鳥太空人，你有什麼建議，想分享給那些希望在未來擔任太空飛行任務的年輕人？」

史雷頓回答道：「永遠不要放棄。決定好你想要做的事，在你完成之前，絕對不要放棄。」

雖然楊恩在 1981 年 4 月 12 日擔任太空梭計畫第一次飛航任務的指揮官，但阿波羅計畫多數太空人在 1970 年代末期就已經離開 NASA。有些人在一般企業工作，有些人從事公職，例如擔任大使或國會議員。而柯林斯則成為美國國家航太博物館的創始館長，這座博物館在 1976 年開幕，以慶祝美國建國兩百周年。

有幾位太空人發現自己因為飛航太空的經歷而有所轉變。比恩決定追求他對繪畫的熱情，成為他所說的「探索者藝術家」。沃登被詩詞所吸引，在 1974 年出版與阿波羅計畫有關的詩集。瑟爾南成為一名倡議太空探索活動的公眾演說家，他說：「我內心深處知道，在世界上某個角落，有個年輕男孩或女孩懷抱著夢想⋯⋯只要給他們機會，這個必須由你和我共同創造的機會，我真心相信，有一天他們會帶我們重新回到太空。」

艾爾文則是歷經精神層面的轉變。他說他在月球感受到上帝的存在，讓

他對基督教的信仰更為堅定。他寫道：「回頭看看那艘我們稱之為『地球』的太空船，我被一種渴望所打動——渴望說服人類相信自己擁有獨一無二的棲息地，相信自己是獨一無二的生物，相信自己必須學會與鄰居共同生活。」

過去一直是虔誠天主教徒的安德斯，則是在執行阿波羅 8 號任務後失去他的信仰。他說：「當我回頭看見那顆小小的地球，我的世界觀在剎那之間崩解。我們棲身於一個小到無關緊要的行星，繞著一顆不是特別重要的恆星轉，繞著一個由數十億顆恆星組成的星系運行。在一個有成億上兆個星系的宇宙裡，我們所處的星系可說是無足輕重。我們真的有那麼特別嗎？我不這麼認為。」

在阿波羅 14 號時擅自進行超感官知覺實驗的米切爾，不僅致力於心靈探索，還在 1973 年創立思維科學研究所，他表示：「我現在強烈厭惡戰爭，成為一名和平主義者。」而施威卡特則開始追隨禪宗信仰。

隨著時光流逝，許多阿波羅太空人都已經離世。在休士頓的詹森太空中心有一座「太空人紀念林」。在這片樹林中，每一棵樹代表一位已故的太空人。每年聖誕節前夕，樹幹上都會掛滿白色小燈，形成一片如星海般的璀璨景象。

其中，有棵樹是用紅色小燈裝飾，那就是阿波羅 12 號太空人康拉德的紀念樹。多年前，第一次踏上月球時大喊「哇呼！」的康拉德，他的座右銘是：「如果你不能出類拔萃，那就活得多采多姿。」正如同許多阿波羅太空人那樣，他不僅出類拔萃，而且活出了多采多姿的人生。

名詞縮寫

ALSCC（Apollo Lunar Surface Closeup Camera）阿波羅月球表面特寫相機

ALSEP（Apollo Lunar Surface Experiments Package）阿波羅月球表面實驗包

AMU（Astronaut Maneuvering Unit）太空人機動裝置

ASTP（Apollo-Soyuz Test Project）阿波羅一聯盟測試計畫

ATDA（Augmented Target Docking Adaptor）擴大目標接合器

BIG（Biological Isolation Garment）生物隔離衣

CapCom（Capsule Communicator）太空艙通訊員

CM（Command Module）指揮艙

CSM（Command and Service Module）指揮與服務艙

EVA（Extravehicular Activity）艙外活動（太空漫步）

LCG（Liquid Cooling Garment）液體冷卻衣（第一層太空衣）

LM（Lunar Module）登月艙

LOC（Launch Operations Center）發射操作中心（後來的甘迺迪太空中心）

LOI（Lunar Orbit Insertion）進入月球軌道

LOX（Liquid Oxygen）液態氧

LRL（Lunar Receiving Laboratory）月球物質回收實驗所

LRV（Lunar Roving Vehicle）月球車

MET（Modular Equipment Transporter）模組化裝置運輸車（月球人力車）

MQF（Mobile Quarantine Facility）移動隔離設施

MSC（Manned Spacecraft Center）載人太空飛行任務中心（後來的詹森太空中心）

MSFC（Marshall Space Flight Center）馬歇爾太空飛行中心

NACA（National Advisory Council for Astronautics）國家航空諮詢委員會

NASA（National Aeronautics and Space Administration）國家航空暨太空總署

PDI（Powered Descent Initiation）啟動動力下降

PLSS（Portable Life-Support System）可攜式維生系統（太空後背包）

PPK（Personal Preference Kit）個人工具包

SM（Service Module）服務艙（指揮與服務艙的後端）

SPS（Service Propulsion System）服務推進系統（引擎）

TEI（Tran-searth Injection）月地轉移

TLC（Tran-slunar Coast）地月滑行

TLI（Tran-slunar Injection）地月轉移

VAB（Vehicle Assembly Building）運具組裝大樓

探索資源

青少年讀物

Collins, Michael. *Flying to the Moon: An Astronaut's Journey*. Rev. ed. New York: Square Fish, 1994.

Dixon-Engel, Tara, and Mike Jackson. *Neil Armstrong: One Giant Leap for Mankind*. New York: Sterling, 2008.

Mitchell, Edgar. *Earthrise: My Adventures as an Apollo 14 Astronaut*. Chicago: Chicago Review Press, 2014.

Olson, Tod. *Lost in Outer Space: The Incredible Journey of Apollo 13*. New York: Scholastic, 2017.

Ottaviani, Jim, Zonder Cannon, and Kevin Cannon. *T-Minus: The Race to the Moon*. New York: Aladdin, 2009.

Shetterly, Margot Lee. *Hidden Figures: The American Dream and the Untold Story of the Black Women Mathematicians Who Helped Win the Space Race*, Young Readers' Edition. New York: William Morrow, 2016.

影片

NASA 為每一次的阿波羅任務製作了紀錄短片，收錄許多在任務執行過程中拍攝下的精采鏡頭。你可以在 YouTube 上搜尋以下字串，點選並欣賞影片。

Apollo 4: The First Giant Step

The Apollo 5 Mission

Bridge to Space (Apollo 6)

The Flight of Apollo 7

Apollo 8: Go for TLI

Apollo 9: Three to Make Ready

Apollo 10: To Sort Out the Unknowns

The Flight of Apollo 11: Eagle Has Landed

Apollo 12: Pinpoint for Science

Apollo 13: Houston, We've Got a Problem

Apollo 14: Mission to Fra Mauro

Apollo 15: In the Mountains of the Moon

Apollo 16: Nothing So Hidden

Apollo 17: On the Shoulders of Giants (a.k.a. The Last Moon Landing)

⧗ 網站與景點

在美國，大部分航空與太空博物館都有規劃阿波羅任務的展覽區。以下列出較大規模飛航器的博物館，你可以在這些地方看見指揮艙、土星5號火箭、太空衣和其他物品。

National Air and Space Museum
美國國家航太博物館
Independence Avenue & Sixth Street, SW
Washington, DC 20560
https://airandspace.si.edu
阿波羅11號指揮艙「哥倫比亞號」、天空實驗室4號指揮艙、月球車、F-1引擎、阿波羅11號移動隔離設施，以及許多阿波羅計畫相關文物。

Kennedy Space Center
甘迺迪太空中心
SR 405
Kennedy Space Center, FL 32899
www.kennedyspacecenter.com
阿波羅14號指揮艙「小鷹號」、阿波羅8號發射室、土星5號火箭、雪帕德的阿波羅太空衣、月球劇場和火箭公園。

Space Center Houston
休士頓太空中心
1601 NASA Parkway
Houston, TX 77058
https://spacecenter.org
艾德林執行月球任務時身穿的太空衣與護目鏡、阿波羅11號求生包、土星5號燃料噴嘴、阿波羅17號指揮艙艙門，以及阿波羅登月手套。

US Space & Rocket Center
美國太空與火箭中心
One Tranquility Base
Huntsville, AL 35805
www.rocketcenter.com
阿波羅16號指揮艙「卡斯柏號」、土星5號火箭和火箭公園。

California Science Center
加州科學中心
700 Exposition Park Drive
Los Angeles, CA 90037
https://californiasciencecenter.org
阿波羅一聯盟指揮艙、雙子星11號太空艙、麥丁利的阿波羅16號太空衣，以及「奮進號」太空梭。

San Diego Air & Space Museum

聖地牙哥航太博物館

2001 Pan American Plaza

San Diego, CA 92101

http://sandiegoairandspace.org

阿波羅 9 號指揮艙「軟糖號」、雙子星太空艙模型，以及水星太空艙模型。

Cosmosphere

宇宙儀博物館

1100 N. Plum Street

Hutchinson, KS 67501

http://cosmo.org

阿波羅 13 號指揮艙「奧德賽號」、阿波羅太空衣，以及阿波羅 11 號帶回的月球岩石。

Museum of Flight

飛行博物館

9404 E. Marginal Way South

Seattle, WA 98108

www.museumofflight.org

阿波羅 17 號登月艙模型、阿波羅指揮艙測試機，以及月球車模型。

Armstrong Air & Space Museum

阿姆斯壯航太博物館

500 Apollo Drive

Wapakoneta, OH 45895

www.armstrongmuseum.org

阿姆斯壯的備用阿波羅太空衣、雙子星 8 號太空船、雙子星 8 號太空衣和月球岩石。

（左）休士頓太空中心。照片來源：*Library of Congress,LC-HS503-4126*

（右）美國國家航太博物館的壁畫。照片來源：*Library of Congress,LC-HS503-4210*

National Museum of the US Air Force

美國空軍博物館

1100 Spaatz Street

Wright-Patterson AFB, OH 45443

www.nationalmuseum.af.mil

阿波羅 15 號指揮艙「奮進號」、雙子星及水星太空船。

Museum of Science & Industry Chicago

芝加哥科學與工業博物館

5700 S. Lake Shore Drive

Chicago, IL 60637

www.msichicago.org

阿波羅 8 號指揮艙與曙光 7 號太空船。

Virginia Air & Space Center

維吉尼亞航太中心

600 Settlers Landing Road

Hampton, VA 23669

www.vasc.org

阿波羅 12 號指揮艙「洋基快船號」與阿波羅登月艙模擬器。

Frontiers of Flight Museum

飛行拓展博物館

6911 Lemmon Avenue

Dallas, TX 75209

www.flightmuseum.com

阿波羅 7 號指揮艙。

Cradle of Aviation Museum

航空搖籃博物館

Charles Lindbergh Drive

Garden City, NY 11530

www.cradleofaviation.org

阿波羅登月艙。

USS Hornet Museum

大黃蜂號航空母艦博物館

707 W. Hornet Avenue

Alameda CA 94501

www.uss-hornet.org

阿波羅測試艙、雙子星測試艙，以及阿波羅 14 號的移動隔離設施。

作者珍藏的照片

重要名詞

生物隔離衣　biological isolation garments (BIGs)

黑色九月　Black September

喬治・布利斯　Bliss, George

藍色彈珠　Blue Marble

圭恩・布魯福德　Bluford, Guion

法蘭克・波爾曼　Borman, Frank

傑利・博斯蒂克　Bostick, Jerry

凡斯・布蘭德　Brand, Vance

C

卡納維爾角　Cape Canaveral

太空艙通訊員　capsule communicator (CapCom)

史考特・卡本特　Carpenter, Scott

傑瑞・卡爾　Carr, Jerry

卡斯柏號（阿波羅 16 號）Casper (Apollo 16)

離心機　centrifuge

金恩・瑟爾南　Cernan, Gene

羅傑・查菲　Chaffee, Roger

挑戰者號（阿波羅 17 號）Challenger (Apollo 17)

查理布朗號（阿波羅 10 號）Charlie Brown (Apollo 10)

亞瑟・克拉克　Clarke, Arthur C.

冷戰　Cold War

麥可・柯林斯　Collins, Mike

哥倫比亞號（阿波羅 11 號）Columbia (Apollo 11)

指揮艙與服務艙　command and service module (CSM)

指揮艙　command module (CM)

錐形隕石坑　Cone Crater

彼特・康拉德　Conrad, Pete

詹姆斯・庫克　Cook, James

高登・庫柏　Cooper, Gordon

隕石坑　craters

華特・克朗凱　Cronkite, Walter

瓦特・康寧漢　Cunningham, Walt

D

笛卡兒高地　Descartes Highlands

下降艙　descent module

對接　docking

加州唐尼市　Downey, California

麻省理工學院德拉普爾實驗室　Draper Lab

查理・杜克　Duke, Charlie

蓋瑞・格里芬 Griffin, Gerry

格斯・葛里森 Grissom, Gus

軟糖號（阿波羅 9 號）Gumdrop (Apollo 9)

L

萊卡（狗）Laika (dog)

發射臺 Launch Complex

發射逃生系統（土星 5 號）launch escape system (Saturn V)

發射操作中心 Launch Operations Center (LOC)

艾力克謝‧里奧諾夫 Leonov, Alexei

自由鐘 7 號 Liberty Bell 7

安妮‧莫洛‧林白 Lindbergh, Anne Morrow

查爾斯‧林白 Lindbergh, Charles

液體冷卻衣 liquid cooling garment (LCG)

液態氧 liquid oxygen (LOX)

傑克‧路斯瑪 Lousma, Jack

吉姆‧洛弗爾 Lovell, Jim

喬治‧洛 Low, George

琉善 Lucian of Samosata

月球探測器 Luna

登月艙 lunar module (LM)

進入月球軌道 lunar orbit insertion (LOI)

月球軌道會合 lunar orbit rendezvous

月球物質回收實驗所 Lunar Receiving Laboratory (LRL)

月球車 lunar roving vehicle (LRV)

葛林‧倫尼 Lunney, Glynn

M

載人太空飛行任務中心 Manned Spaceflight Center (MSC)

馬歇爾太空飛行中心 Marshall Space Flight Center (MSFC)

肯‧麥丁利 Mattingly, Ken

布魯斯‧麥克坎德里斯 McCandless, Bruce

吉姆‧麥克迪維特 McDivitt, Jim

總統自由勳章 Medal of Freedom

梅尼爾氏症 Ménière's Disease

梅里特島 Merritt Island

任務控制中心 Mission Control

任務徽章 mission patches

艾德加‧米契爾 Mitchell, Ed

移動隔離設施 mobile quarantine facility (MQF)

模組化裝置運輸車 modular equipment transporter (MET)

月球博物館 Moon Museum

登月太空衣 moon suit

月亮樹 moon trees

月球漫步 moonwalk

比爾‧墨柏格 Muehlberger, Bill

喬治‧穆勒 Mueller, George

佛瑞斯特‧邁爾斯 Myers, Forest

N

N-1 運載火箭 N-1 rocket

美國國家航空諮詢委員會 National Advisory Council for
Astronautics(NACA)

《美國國家航空暨太空法案》National Aeronautics and Space
Act

美國國家航空暨太空總署 National Aeronautics and Space
Agency (NASA)

美國國家航太博物館 National Air and Space Museum

美國海軍研究實驗室 Naval Research Laboratory

妮雪兒・尼可絲 Nichols, Nichelle

安德里揚・尼古拉耶夫 Nikolayev, Andriyan

理查・尼克森 Nixon, Richard

北美航空工業公司 North American Aviation

北射紋線坑 North Ray Crater

O

赫曼・歐伯特 Oberth, Herman

奧德賽號（阿波羅 13 號）Odyssey (Apollo 13)

載人太空飛行任務辦公室 Office of Manned Space Flight

迪・奧哈拉 O'Hara, Dee

軌道力學 orbital mechanics

獵戶座號（阿波羅 16 號）Orion (Apollo 16)

P

34 號發射臺 Pad 34 (launchpad)

湯瑪斯・潘恩 Paine, Thomas

個人工具包 personal preference kits (PPKs)

山姆・菲利普斯 Phillips, Sam

尼古拉・波德戈爾內 Podgorny, Nikolai

麥克・波倫 Pohlen, Mike

帕維爾・波波維奇 Popovich, Pavel

可攜式維生系統 portable life-support system (PLSS)

啟動動力下降 powered descent initiation (PDI)

雙子星計畫 Project Gemini

水星計畫 Project Mercury

R

遊騎兵計畫 Ranger program

紅石兵工廠 Redstone Arsenal

喬望尼・巴蒂斯塔・里喬利 Riccioli, Giovanni Battista

莎莉・萊德 Ride, Sally

W

詹姆士 · 韋伯 Webb, James

根特 · 溫特 Wendt, Guenter

艾德 · 懷特 White, Ed

克里夫頓 · 威廉斯 Williams, C. C.

艾爾 · 沃登 Worden

Y

洋基快艇號（阿波羅 12 號）Yankee Clipper (Apollo 12)

鮑里斯 · 葉戈洛夫 Yegorov, Boris

約翰 · 楊恩 Young, John

Z

探測器 5 號 Zond 5

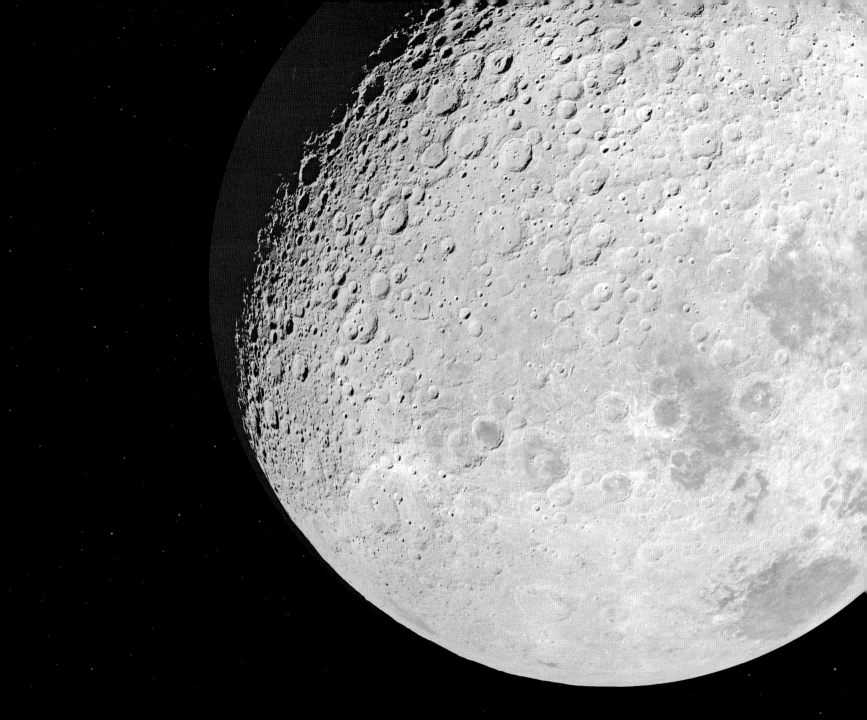

國家圖書館出版品預行編目（CIP）資料

跟大師學創造力 . 9：阿波羅登月任務 +21 個太空探索活動 / 傑若米 . 波倫
(Jerome Pohlen) 作；周宜芳譯 . -- 初版 . -- 新北市：字畝文化創意有限公司出
版：遠足文化事業股份有限公司發行 , 2023.05
232 面；24×19 公分
譯自：The Apollo missions for kids : the people and engineering behind the race
to the moon with 21 activities
ISBN 978-626-7200-70-4（平裝）
1.CST: 太空科學 2.CST: 通俗作品
326   112003815

STEAM014

跟大師學創造力 9：阿波羅登月任務 + 21 個太空探索活動
The Apollo Missions for Kids: The People and Engineering Behind the Race to the Moon, with 21 Activities

作者／傑若米‧波倫 Jerome Pohlen　譯者／周宜芳

字畝文化創意有限公司
社長／馮季眉　特約編輯／黃麗瑾　編輯／戴鈺娟、陳心方、巫佳蓮
封面設計及繪圖／Bianco Tsai　美術設計及排版／菩薩蠻電腦科技有限公司

讀書共和國出版集團
社長／郭重興　發行人／曾大福　業務平臺總經理／李雪麗　業務平臺副總經理／李復民
實體書店暨直營網路書店組／林詩富、郭文弘、賴佩瑜、王文賓、周宥騰、范光杰　海外通路組／張鑫峰、林裴瑤
特販組／陳綺瑩、郭文龍　印務協理／江域平　印務主任／李孟儒

出版／字畝文化創意有限公司　發行／遠足文化事業股份有限公司
地址／231 新北市新店區民權路108-2號9樓　電話／(02)2218-1417　傳真／(02)8667-1065
電子信箱／service@bookrep.com.tw　網址／www.bookrep.com.tw

法律顧問／華洋法律事務所　蘇文生律師　印製／中原造像股份有限公司

2023年5月　初版一刷
定價：500元　書號：XBST0014　ISBN：978-626-7200-70-4